应用技术型高等教育“十二五”规划教材

大学物理

（下册）

主　编　梁志强　王　伟

副主编　陈建中　李洪云　刘进庆　伊长虹

参　编　吴世亮　胡丽君　王　青　栗世涛

尹妍妍　王立飞　李　畅

内 容 提 要

本教材的编写参照了教育部物理基础课程教学指导委员会编制的《理工科类大学物理课程教学基本要求》（2010年版），教材内容涵盖基本要求的核心内容及部分扩展内容。例题、习题等内容的编写，借鉴了国外优秀物理教材的做法，尽量结合工程技术实例和日常生活事例，具有突出物理学应用、适度淡化理论推导等特点。

本教材分为上、下两册共14章。上册包括力学、电磁学8章内容，下册为机械振动、波动、热学、光学、近代物理基础6章内容。

本教材可作为高等学校工科各专业的教材或参考书，也可作为高职类大学的教材，或供自学者阅读。

本书配有免费电子教案，读者可以从中国水利水电出版社网站以及万水书苑下载，网址为：http://www.waterpub.com.cn/softdown/或 http://www.wsbookshow.com。

图书在版编目（CIP）数据

大学物理. 下册 / 梁志强，王伟主编. -- 北京 ：中国水利水电出版社，2014.12（2016.1重印）
应用技术型高等教育“十二五”规划教材
ISBN 978-7-5170-2677-8

Ⅰ. ①大… Ⅱ. ①梁… ②王… Ⅲ. ①物理学－高等学校－教材 Ⅳ. ①O4

中国版本图书馆CIP数据核字(2014)第266608号

策划编辑：宋俊娥　责任编辑：李　炎　加工编辑：谌艳艳　封面设计：李　佳

书　名	应用技术型高等教育“十二五”规划教材 **大学物理（下册）**
作　者	主　编　梁志强　王　伟 副主编　陈建中　李洪云　刘进庆　伊长虹
出版发行	中国水利水电出版社 （北京市海淀区玉渊潭南路1号D座　100038） 网址：www.waterpub.com.cn E-mail：mchannel@263.net（万水） sales@waterpub.com.cn 电话：（010）68367658（发行部）、82562819（万水）
经　售	北京科水图书销售中心（零售） 电话：（010）88383994、63202643、68545874 全国各地新华书店和相关出版物销售网点
排　版	北京万水电子信息有限公司
印　刷	三河市铭浩彩色印装有限公司
规　格	170mm×227mm　16开本　10.75印张　216千字
版　次	2015年1月第1版　2016年1月第2次印刷
印　数	4001—7000册
定　价	20.00元

“应用型人才培养基础课系列教材”
编审委员会

前　　言

本教材的编写参照了教育部物理基础课程教学指导委员会编制的《理工科类大学物理课程教学基本要求》（2010 年版），教材内容涵盖了基本要求的核心内容及部分扩展内容。教材编写尽量结合工程技术实例和日常生活事例，具有突出物理学应用、适度淡化理论推导等特点，以适应各类应用技术型高校对大学物理课程的教学要求。

本教材继承了国内优秀物理教材的传统特色，思路清晰、表述精炼。同时在例题、习题编写设计等方面又借鉴了国外优秀物理教材的做法，强调理论与实际紧密结合，注重物理思想的表述和物理图像的描述。特别注意将例题、习题与工程技术问题和日常生活实例密切结合，尤其是结合交通工程技术等问题，尽可能减少“质点”、“滑块”等生硬的名词在例题和习题中出现，最大限度体现应用技术型大学的特色及交通行业的特点。本书的例题和习题采用由简单到复杂的分层次编写。

本教材分为上、下两册，上册内容包括力学、电磁学，下册涵盖机械振动、波动、热学、光学、近代物理基础等内容。本教材可作为高等学校工科“大学物理”课程的教材或参考书，也可作为高职类“大学物理”课程的教材，还可供大学文理科相关专业选用和自学者阅读。与教材配套的资源“习题分析与解答”、“电子教案”、“素材库”等将陆续出版，从而构建“大学物理”课程较完善的资源体系，为各类应用技术型高校开设“大学物理”课程提供良好的服务。

本教材由山东省教学名师梁志强教授主持编写，是山东交通学院“物理公共基础课及物理专业理论课教学团队”十余年“大学物理”课程教学实践及相关教研成果的概括和总结。其中梁志强教授、伊长虹博士分别负责力学、电磁学的编写工作，王伟教授、陈建中博士和李洪云博士分别负责光学、热学和近代物理基础的编写工作。第 1～4 章由梁志强、陈建中、刘进庆、尹妍妍、王青编写；第 5～8 章由伊长虹、李洪云、王伟、吴世亮、胡丽君、王立飞编写；第 9～10 章由梁志强、刘进庆、尹妍妍、王立飞编写；第 11 章由王伟、王青、栗世涛编写；第 12～13 章由陈建中、吴世亮、胡丽君、李畅编写；第 14 章由李洪云和伊长虹编写；梁志强负责上、下两册的统稿工作。

感谢中国水利水电出版社为本教材出版付出的辛勤劳动。

本教材不当之处，欢迎使用者指正，以便再版时更正。

编　者

2014 年 9 月于山东交通学院无影山校区

目录

第 9 章　机械振动基础

人类生活在充满振动的自然界之中，固体物质中原子的振动、宇宙空间的电磁振荡、机械钟表钟摆的摆动等，振动现象俯拾皆是。而机械振动是机械工程和日常生活普遍可见的力学现象，行驶交通工具的振动、人体脉搏不停息地跳动和内燃机工作状态的振动等均属此类运动。机械振动的传播便形成机械波，因此本章是第 10 章波动的学习基础。值得注意的是，机械振动和机械波的基本内容还是电工学、无线电技术、自动控制技术等科学技术领域的理论基础。本章将重点介绍简谐振动及其规律，讨论简谐振动的合成，以及阻尼振动、受迫振动等更接近客观实际的机械振动模型。在本章学习过程中，应重视简谐振动的学习，掌握其动力学方程的建立与求解，简谐振动合成复杂振动的研究等，为机械振动在专业课程的学习和技术工程中的应用奠定扎实的理论基础。

9.1　简 谐 振 动

物体在其平衡位置附近往复运动称为**机械振动**，简谐振动属于最简单、最基本的机械振动，是研究复杂振动的基础，因为复杂的振动可由若干简谐振动合成获得。

由原长为 l_0、劲度系数为 k 的轻弹簧和质量为 m 的物体构成的**弹簧振子**如图 9.1 所示，若不计空气阻力、水平桌面的摩擦力，则该力学系统做简谐振动，应用牛顿第二定律可以求解其运动方程。以下通过对弹簧振子的求解，详细介绍简谐振动问题的求解方法。以固定于地面的水平桌面为惯性系，选择如图 9.1 所示的坐标系，取振动系统的平衡位置为坐标原点 O，由胡克定律得到质量为 m 的振子所受弹性力与其位移成正比得：

$$F = -kx$$

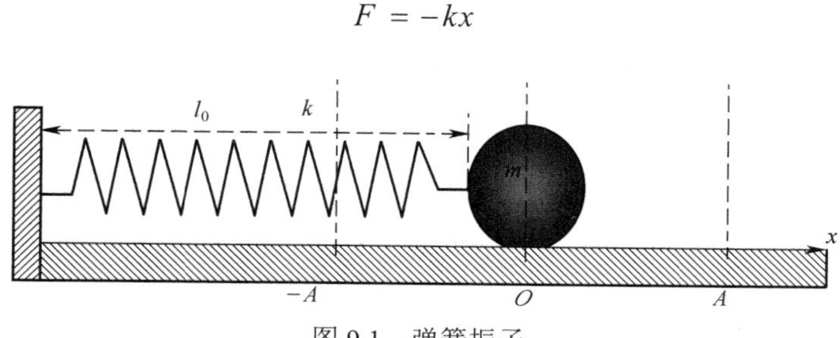

图 9.1　弹簧振子

如上式所述，将始终指向振子平衡位置、又与其位移成正比的力称为线性回复力，受到此类力作用的系统一般为简谐振动系统。由牛顿第二定律可得：

$$m\frac{\mathrm{d}^2x}{\mathrm{d}t^2}=-kx \tag{9.1.1}$$

令

$$\omega_0^2=\frac{k}{m} \tag{9.1.2}$$

由式（9.1.1）、（9.1.2）得到：

$$\frac{\mathrm{d}^2x}{\mathrm{d}t^2}+\omega_0^2x=0 \tag{9.1.3}$$

式（9.1.3）是振子简谐振动的动力学方程，求解该二阶线性齐次微分方程得到振子简谐振动的运动方程为：

$$x(t)=A\cos(\omega_0t+\varphi) \tag{9.1.4}$$

将式（9.1.4）对时间分别求一、二次导数得到振子简谐振动的速度、加速度为：

$$v=\frac{\mathrm{d}x}{\mathrm{d}t}=-\omega_0A\sin(\omega_0t+\varphi) \tag{9.1.5}$$

$$a=\frac{\mathrm{d}v}{\mathrm{d}t}=-\omega_0^2A\cos(\omega_0t+\varphi)=-\omega_0^2x \tag{9.1.6}$$

由式（9.1.4）～（9.1.6）可知，物体做简谐振动时，其位移、速度和加速度均为时间的周期性函数，图 9.2 给出了相应的函数图像。应用位置、速度和加速度与时间的函数图像描述简谐振动，具有直观的特点，称之为图像方法。而应用式（9.1.4）～（9.1.6）描述简谐振动称为解析方法，尤其是用于理论证明，该方法具有简洁的特点。其实只要振动物体的动力学方程或运动方程与式（9.1.3）或式（9.1.4）的形式相同，且其中的 ω_0 仅取决于振动系统本身的固有性质，则振动物理量并不局限于位移，即可判定其做简谐振动。

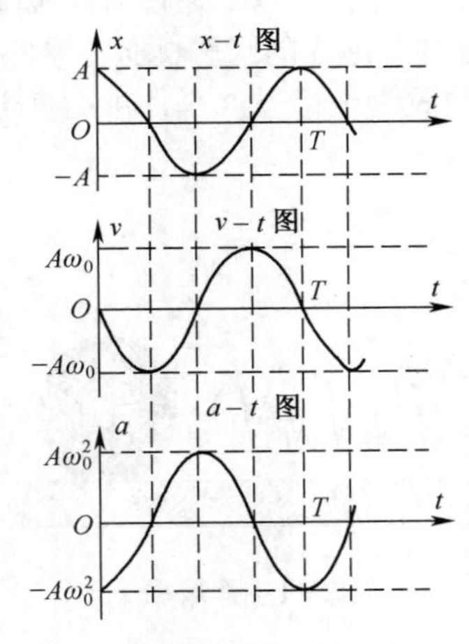

图 9.2　简谐振动的函数图像

简谐运动方程式（9.1.4）中的 A 、φ 均为积分常量，可由初始条件确定。其中 A 为简谐振动物体位移的最大绝对值，限定物体的振动范围，称为**振幅**。由式（9.1.2）给定的 ω_0 取决于振动系统的固有性质，称为**角频率**，SI 单位为 $\mathrm{rad \cdot s^{-1}}$ 。把物体完成一次完全振动所经历的时间称为**周期**，SI 单位为 s。利用周期性函数的性质及式（9.1.4）可以得到周期与角频率的关系为：

$$T = \frac{2\pi}{\omega_0} \tag{9.1.7}$$

将单位时间内物体所做的完全振动的次数称为**频率**，用 ν 表示，SI 单位为 Hz。频率、周期与角频率的关系为：

$$\nu = \frac{1}{T} = \frac{\omega_0}{2\pi} \tag{9.1.8}$$

将式（9.1.2）带入式（9.1.7）、式（9.1.8）可得到振子的谐振动周期、频率以及角频率为：

$$\begin{aligned} T &= \frac{2\pi}{\omega_0} = 2\pi\sqrt{\frac{m}{k}} \\ \nu &= \frac{1}{T} = \frac{1}{2\pi}\sqrt{\frac{k}{m}} \\ \omega_0 &= \sqrt{\frac{k}{m}} \end{aligned} \tag{9.1.9}$$

由式（9.1.4）～（9.1.6）可以看出，当 A 和 ω_0 一定时，确定振动物体任意时刻位移、速度和加速度的物理量是 $(\omega_0 t + \varphi)$，称为**振动相位**。而 φ 对应时间 $t = 0$ 时的振动相位，称为**初相位**，反映 $t = 0$ 时振动物体的运动状态。

由初始条件可以确定简谐运动方程式（9.1.4）中的积分常量 A 、φ 。将 $t = 0$ 带入式（9.1.4）、式（9.1.5）得到初始位移、初始速度为：

$$x_0 = A\cos\varphi \tag{9.1.10a}$$

$$v_0 = \frac{\mathrm{d}x}{\mathrm{d}t} = -\omega_0 A\sin\varphi \tag{9.1.10b}$$

于是得到：

$$A = \sqrt{x_0 + \left(\frac{v_0}{\omega_0}\right)^2} \tag{9.1.11}$$

$$\varphi = \arctan\left(-\frac{v_0}{\omega_0 x_0}\right) \tag{9.1.12}$$

综上所述，描述简谐振动的特征物理量是 A 、T 和 $(\omega_0 t + \varphi)$，振动系统决定 T 或 ω_0 。振动系统确定后，A 、φ 由初始条件 x_0 、v_0 决定，式（9.1.4）～（9.1.6）给出弹簧振子简谐振动的解析描述。

9.2 旋转矢量

简谐振动的描述可以采用解析方法，也可以采用如图 9.2 所示的图像方法，两种方法各有千秋。本节将介绍另外一种描述简谐振动的方法，即具有形象特点的旋转矢量法，特别是用于讨论简谐振动的合成，该方法有其独到之处。

设在如图 9.3 所示的 xOy 直角坐标系中，矢量 $\boldsymbol{A}$ 的起始点位于原点 O，$t=0$ 时，$\boldsymbol{A}$ 与 x 轴的正向夹角为 φ，任意时刻 t，$\boldsymbol{A}$ 与 x 轴的正向夹角为 $(\omega_0 t+\varphi)$，且 $\boldsymbol{A}$ 以角速度 ω_0 绕 z 轴逆时针转动，则如此定义的矢量 $\boldsymbol{A}$ 称为**旋转矢量**。于是任意时刻 t 旋转矢量 $\boldsymbol{A}$ 在 x 轴上的投影为：

$$x(t)=A\cos(\omega_0 t+\varphi)$$

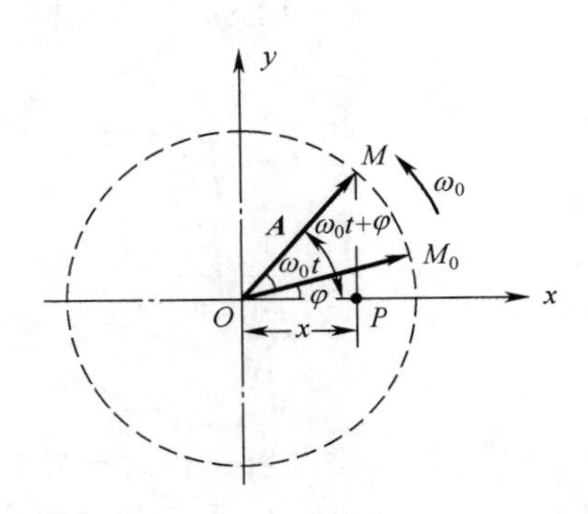

图 9.3　旋转矢量

同理，将 $\boldsymbol{A}$ 端点的速度矢量、加速度矢量在 x 轴上投影，就可以得到如式（9.1.5）、式（9.1.6）表示的物体简谐振动的速度和加速度。

于是可知，旋转矢量的模为简谐振动的振幅，旋转矢量转动的角速度为简谐振动的角频率，旋转矢量与 x 轴的正向夹角为简谐振动的相位，旋转矢量的端点以及端点的速度和端点的加速度在 x 轴上的投影即为简谐振动的运动方程以及振动速度和振动加速度的表达式。因此有结论：旋转矢量可以描述简谐振动。

9.3 简谐振动的应用

本节将以例题的形式介绍单摆、复摆等振动装置的简谐振动，同时还将涉及简谐振动的能量、地球隧道中质点的谐振动等问题。

例题 9.3.1　单摆与简谐振动。设长为 l 且不可伸长的细线上端固定，其下端悬挂质量为 m 的小球，构成如图 9.4 所示的振动系统称为**单摆**，又称数学摆。小球、细线分别称为单摆的**摆球**和**摆线**。试讨论单摆在小角摆动条件下的运动规律。

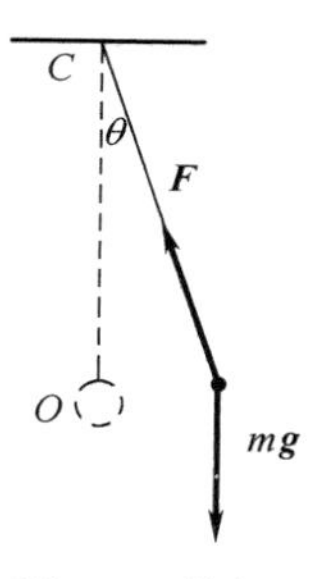

图 9.4　单摆

解：由题意知可忽略不计摆线的质量，同时也不计空气阻力及细线上端固定点的摩擦力。以下应用牛顿第二定律进行分析，若摆球在铅垂面内做小角摆动，则单摆的摆动为简谐振动。将摆球视为质点，其受到重力与细线的拉力，如图 9.4 所示。选摆线固定点 C 为惯性系，取摆球的平衡位置为 O 点，设任意时刻摆线与其平衡位置铅垂线的夹角为摆角，令任意时刻单摆的角位移为 θ，取逆时针摆向为其正向，于是应用自然坐标系得到重力在摆球轨迹 $\boldsymbol{e}_t$ 方向的分量为：

$$F_t = -mg\sin\theta$$

其中负号表示 F_t 的方向与 θ 的正向相反，应用牛顿第二定律得到摆球的动力学方程沿其轨迹 $\boldsymbol{e}_t$ 的分量式为：

$$-mg\sin\theta = ma_t = ml\frac{\mathrm{d}^2\theta}{\mathrm{d}t^2}$$

整理得：

$$\frac{\mathrm{d}^2\theta}{\mathrm{d}t^2} + \frac{g}{l}\sin\theta = 0 \qquad (9.3.1)$$

若限定摆球为小角摆动 $\theta \leqslant 5°$，故有 $\sin\theta \approx \theta$，于是得到：

$$F_t = -mg\theta$$

上式表明，摆球 m 所受到的力也是回复力。再令 $\omega_0^2 = \frac{g}{l}$ 得到：

$$\frac{\mathrm{d}^2\theta}{\mathrm{d}t^2} + \omega_0^2\theta = 0 \qquad (9.3.2)$$

求解式（9.3.2）得：

$$\theta = \theta_m\cos(\omega_0 t + \varphi) \qquad (9.3.3)$$

其中：

$$\omega_0 = \sqrt{\frac{g}{l}} \qquad (9.3.4)$$

$$T = \frac{2\pi}{\omega_0} = 2\pi\sqrt{\frac{l}{g}} \qquad (9.3.5)$$

讨论：

（1）由式（9.3.2）～（9.3.5）可知，单摆的小角摆动是简谐振动，此时单摆的简谐振动周期取决于摆长及当地的重力加速度，与摆球的质量无关，故可应用单摆装置测量当地重力加速度的数值，也可应用单摆作为计时装置。

（2）若摆球的尺寸较大，或绳的质量不能忽略，就不能再作为单摆对待，此时摆的周期就与摆球的尺寸或绳的质量有关。

（3）请思考若取消单摆小角摆动的限制条件，其运动规律又将如何？

“现代物理学之父”伽利略·伽利雷（Galileo Galilei，1564～1642 年）对于单摆的研究作出过较大贡献。伽利略 18 岁在比萨大学就读期间，观察到教堂悬灯的摆动，他用脉搏的跳动测量吊灯摆动的时间，发现无论吊灯摆动角度的大小如何，脉搏跳动的次数总是一样的！伽利略奔回宿舍，寻找到不同长度的绳子、铁球等材料，一次又一次重复试验。最后他得出结论：单摆的周期与摆长的平方根成正比，而与振幅大小、摆锤质量无关，这就是单摆的等时性定律。该规律的发现为以后的振动理论和机械计时装置的研制建立了理论基础。荷兰著名物理学家克里斯蒂安·惠更斯（Christian Huygens，1629～1695 年）进一步验证了单摆振动的等时性，并用于计时器的研制，1656 年研制成功第一架计时摆钟。史蒂芬·霍金（Stephen Hawking，1942～）认为“自然科学的诞生要归功于伽利略”。阿尔伯特·爱因斯坦（Albert Einstein，1879～1955 年）评价：“伽利略的发现，以及他所用的科学推理方法，是人类思想史上最伟大的成就之一，而且标志着物理学真正的开端！”

例题 9.3.2 复摆与简谐振动。设质量为 m 的任意形状的刚体，可绕固定水平轴 O 在铅直平面内自由摆动，如图 9.5 所示，该振动系统称为**复摆**，又称物理摆。设 C 为复摆的质心，$h = OC$ 为转轴到复摆质心的距离，设 J 为复摆对固定水平轴 O 的转动惯量，在忽略不计空气阻力及水平轴处摩擦力的条件下，试分析复摆的小角振动为简谐振动。

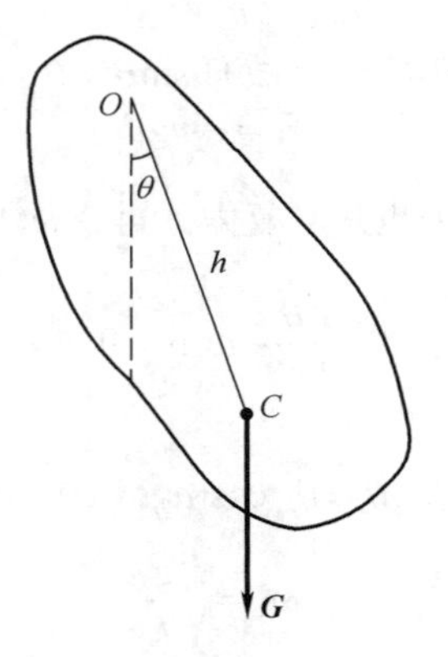

图 9.5 复摆

解：选定固定水平轴为惯性系，若使刚体偏离其平衡位置一个小角度，设为刚体的角位移 θ，取逆时针方向为其正向。由于刚体仅受重力作用，于是得到任意时刻相对水平轴 O 复摆受到的重力矩为：

$$M=-mgh\sin\theta\approx -mgh\theta$$

其中已限定复摆为小角摆动 $\theta\leqslant 5°$，并取 $\sin\theta\approx\theta$ 。如上式所述刚体受到的始终指向其平衡位置且又与其角位移成正比的力矩称为**线性回复力矩**，受到此类力矩作用的力学系统一般为谐振动系统。于是由刚体定轴转动定律可得：

$$\frac{d^2\theta}{dt^2}+\frac{mgh}{J}\theta=0\Rightarrow\frac{d^2\theta}{dt^2}+\omega_0^2\theta=0 \tag{9.3.6}$$

求解式（9.3.6）得：

$$\theta=\theta_m\cos(\omega_0 t+\varphi) \tag{9.3.7}$$

其中：

$$\omega_0=\sqrt{\frac{mgh}{J}} \tag{9.3.8}$$

$$T=\frac{2\pi}{\omega_0}=2\pi\sqrt{\frac{J}{mgh}} \tag{9.3.9}$$

讨论：

（1）由式（9.3.9）知，应用复摆可测量其周期、角频率或当地重力加速度的大小；

（2）应用复摆可测量任意形状的刚体对固定水平轴的转动惯量；

（3）应用复摆可验证平行轴定理；

（4）若令 $J=l^2m$ ，并带入有关复摆的各公式，可以得到单摆对应的式（9.3.2）～（9.3.5），于是有结论，复摆包括单摆。

例题 9.3.3 地球隧道中质点的谐振动。设地球为密度 $\rho=5.5\times10^3(\text{kg}\cdot\text{m}^{-3})$、半径为 R 的球体，若沿其直径打通一条隧道，设隧道内质量为 m 的质点做无摩擦运动，（1）试证明隧道内质点做谐振动；（2）试计算该质点谐振动的周期。

解：（1）隧道内质点做谐振动。

只要从动力学角度分析质点在隧道内运动时的受力特征即可。

取坐标如图 9.6 所示，坐标原点为地球中心，取该中心为惯性系，故当质点位于坐标 x 处时所受地球引力为：

$$F=-G\frac{m_x m}{x^2} \tag{9.3.10}$$

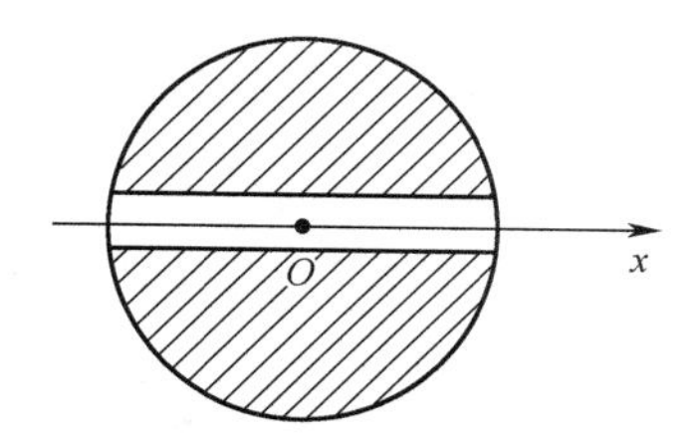

图 9.6　隧道内质点的运动

其中 $m_x=\dfrac{4\pi\rho x^3}{3}$，令 $k=\dfrac{4\pi\rho m}{3}G$，则得到质点位于 x 处的受力为：

$$F=-\frac{4\pi\rho m}{3}Gx=-kx \tag{9.3.11}$$

由式（9.3.11）可知质点在隧道内所受地球引力为线性回复力，因此质点做谐振动。

（2）质点谐振动周期。

与弹簧振子谐振动周期式（9.1.9）类比可得：

$$T=2\pi\sqrt{m/k}=\sqrt{3\pi/G\rho}=84.5\text{min}=5.07\times10^3(\text{s}) \tag{9.3.12}$$

讨论：

（1）可以证明，沿地球表面圆轨道运行人造地球卫星的周期与地球隧道内质点谐振动周期相同；

（2）可以证明，将上述隧道贯穿地球任意位置，质点谐振动周期均为式（9.3.12）表示的结果，即质点谐振动周期与隧道的位置无关；

（3）对于地球隧道内质点振动问题的讨论，还可以增加地球自转、公转等因素。

例题 9.3.4 弹簧振子简谐振动的能量。以弹簧振子的简谐振动为例，讨论谐振动的能量，其中包括弹簧振子的振动动能、弹性势能和总能量等问题。

解：由式（9.1.4）、式（9.1.5）可知，任意时刻弹簧振子简谐振动的运动方程、振动速度为：

$$x(t)=A\cos(\omega_0 t+\varphi)$$
$$v=-\omega_0 A\sin(\omega_0 t+\varphi)$$

于是得到该系统任意时刻的动能、弹性势能为：

$$E_k=\frac{1}{2}mv^2=\frac{1}{2}m\omega_0^2A^2\sin^2(\omega_0 t+\varphi) \tag{9.3.13a}$$

$$E_p=\frac{1}{2}kx^2=\frac{1}{2}kA^2\cos^2(\omega_0 t+\varphi) \tag{9.3.13b}$$

故弹簧振子系统的总能量为：

$$E=E_k+E_p=\frac{1}{2}mv^2+\frac{1}{2}kx^2=\frac{1}{2}m\omega_0^2A^2=\frac{1}{2}kA^2 \tag{9.3.14}$$

将式（9.3.13b）第二式代入式（9.3.14）又得到：

$$E_k=\frac{1}{2}kA^2-\frac{1}{2}kx^2 \tag{9.3.15}$$

图 9.7（a）所示为式（9.3.13）对应的动能、弹性势能随时间的变化关系。图 9.7（b）所示为简谐振动动能、弹性势能随空间的变化关系。

讨论：

（1）简谐振动系统的 E_k、E_p 均为 t 的周期函数。如图 9.7（a）所示，动能最大时 $E_p=0$，势能最大时 $E_k=0$，振动过程就是系统 E_k、E_p 的相互转换过程；

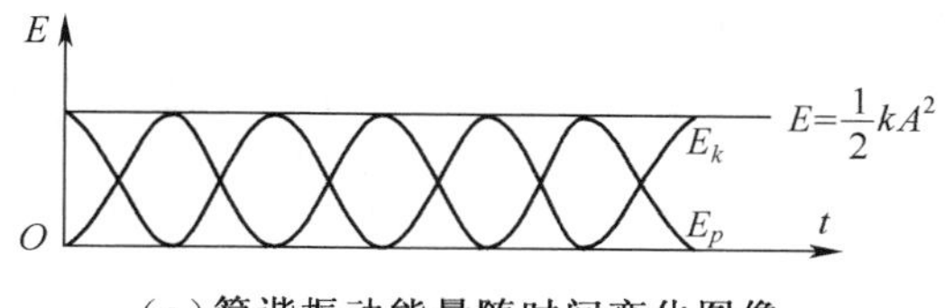

（a）简谐振动能量随时间变化图像

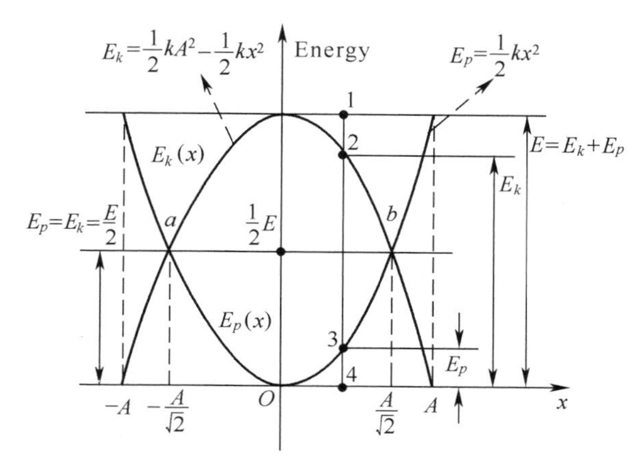

（b）简谐振动能量随空间变化图像

图 9.7　简谐振动能量随时间/空间变化图像

（2）如图 9.7（b）所示，简谐振动系统的 E_k、E_p 也可为 x 的周期函数。动能最大时 $E_p=0$，势能最大时 $E_k=0$，振动过程就是系统 E_k、E_p 的相互转换过程；

（3）简谐振动系统是保守系统，如图 9.7（a）、（b）所示，系统的总能量守恒。弹簧振子简谐振动的守恒量与振幅的二次方成正比，简谐振动是等幅振动。

例题 9.3.5　试由弹簧振子的总能量出发，导出其简谐振动的动力学方程。

解：由式（9.3.14）可知，弹簧振子的总能量为：

$$E=\frac{1}{2}mv^2+\frac{1}{2}kx^2=\frac{1}{2}kA^2$$

将上式两边对时间求一次导数，并注意上式右端为常量，得到：

$$mv\frac{\mathrm{d}v}{\mathrm{d}t}+kx\frac{\mathrm{d}x}{\mathrm{d}t}=0\Rightarrow\frac{\mathrm{d}^2x}{\mathrm{d}t^2}+\omega_0^2x=0$$

讨论：

（1）由上述结果，即可求得弹簧振子简谐振动的运动方程式（9.1.4）；

（2）由弹簧振子的总能量导出其简谐振动动力学方程的方法，较之应用牛顿第二定律的求解方法简单快捷，完全可以不去顾及弹簧振子的受力，省去了受力分析等环节，该方法对于保守系统普遍成立；

（3）应用式（9.3.13）～（9.3.15）描述简谐振动称为能量方法，在解决某些简谐振动问题时有其方便之处；

（4）能量方法可用于求解简谐振动系统的固有频率，该方法在工程技术中具有广泛应用。

例题 9.3.6 能量的时间平均值问题。与时间有关的物理量 $A(t)$ 在时间间隔 T 内的平均值定义为：

$$\overline{A} = \frac{1}{T}\int_0^T A(t)\mathrm{d}t \tag{9.3.16}$$

试计算弹簧振子简谐振动在一个周期内的平均动能和平均势能。

解：由式（9.3.16）可求得弹簧振子简谐振动在周期 T 内的平均动能、平均势能和平均机械能分别为：

$$\overline{E}_k = \frac{1}{T}\int_0^T E_k(t)\mathrm{d}t = \frac{1}{T}\int_0^T \frac{1}{2}mv^2\mathrm{d}t = \frac{1}{T}\int_0^T \frac{1}{2}m\omega_0^2A^2\sin^2(\omega_0 t+\varphi)\mathrm{d}t = \frac{1}{4}kA^2(\mathrm{J})$$

$$\overline{E}_p = \frac{1}{T}\int_0^T E_p(t)\mathrm{d}t = \frac{1}{T}\int_0^T \frac{1}{2}kx^2\mathrm{d}t = \frac{1}{T}\int_0^T \frac{1}{2}kA^2\cos^2(\omega_0 t+\varphi)\mathrm{d}t = \frac{1}{4}kA^2(\mathrm{J}) \tag{9.3.17}$$

$$\overline{E} = E = \frac{1}{T}\int_0^T E\mathrm{d}t = \frac{1}{T}\int_0^T \left[E_k(t)+E_p(t)\right]\mathrm{d}t = \frac{1}{2}kA^2(\mathrm{J})$$

上述结果表明，弹簧振子简谐振动在 T 内的 $\overline{E}=E$，而 $\overline{E}_k$ 和 $\overline{E}_p$ 相等，分别等于 E 的一半，这是关于简谐振动系统能量的重要结论，该结论在第 12 章及第 13 章讨论气体分子的平均动能及摩尔热容问题时有具体应用。

例题 9.3.7 氢原子的简谐振动。原子的振动可近似为简谐振动，已知氢原子质量 $m=1.68\times10^{-27}(\mathrm{kg})$，振动频率 $\nu=1.0\times10^{14}(\mathrm{Hz})$，振幅 $A=1.0\times10^{-11}(\mathrm{m})$。试计算氢原子做简谐振动时：

（1）最大振动速度；

（2）振动总能量。

解：（1）最大振动速度。由简谐振动速度式（9.1.5）可得氢原子做简谐振动的最大速度为

$$v_{\max} = \omega A = 2\pi\nu A = 6.28\times10^2(\mathrm{m\cdot s^{-1}})$$

（2）振动总能量。氢原子的振动总能量为

$$E = mv_{\max}^2/2 = 3.31\times10^{-20}(\mathrm{J})$$

由此结果可以看出，氢原子简谐振动速度较大，但其简谐振动能量具有非常小的数量级。

9.4 简谐振动的合成

诸如行驶列车引起铁路桥梁的振动，火山爆发产生地动山摇的地震，演奏悠扬乐曲的琴弦等均为复杂振动。多个简谐振动的合成可以得到较复杂的振动，而且振动的合成在光学、电工学、无线电技术等领域均有应用，本节重点介绍简谐

振动的四类合成。

9.4.1　两个同方向同频率简谐振动的合成

设有两个同方向同频率的简谐振动，其运动方程为：

$$x_i(t) = A_i \cos(\omega_0 t + \varphi_i) \quad (i = 1,\ 2)$$

可以应用旋转矢量方法解决上式所描述的两个简谐振动的合成。设如图 9.8 所示两个分振动的旋转矢量分别为 $\boldsymbol{A}_1$、$\boldsymbol{A}_2$， $t = 0$ 时，旋转矢量与 x 轴的正向夹角分别为 φ_1、φ_2。由于 $\boldsymbol{A}_1$、$\boldsymbol{A}_2$ 均以相同的角速度 ω_0 做匀角速转动，故由其构成的平行四边形形状保持不变，合矢量 $\boldsymbol{A}$ 的模也保持不变，并也以 ω_0 随平行四边形做匀角速转动。故由平行四边形法则得到时刻 t 的合矢量为：

$$\boldsymbol{A} = \boldsymbol{A}_1 + \boldsymbol{A}_2$$

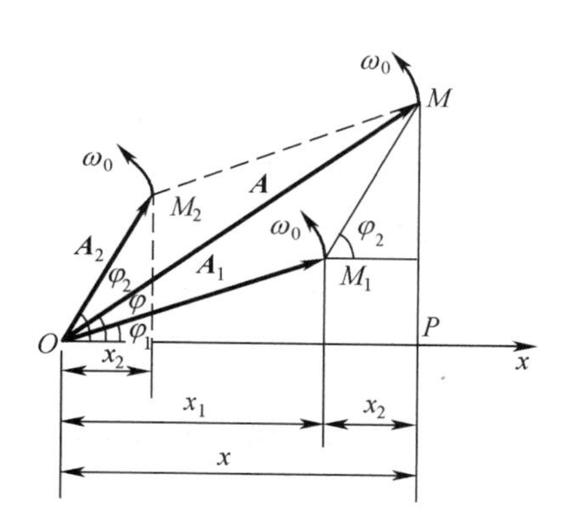

图 9.8　两个同方向同频率简谐振动的合成

$\boldsymbol{A}$ 及 $\boldsymbol{A}_1$、$\boldsymbol{A}_2$ 在 x 轴上的投影关系为：

$$x = x_1 + x_2$$

于是得到 $\boldsymbol{A}$ 在 x 轴上的投影为：

$$x = x_1 + x_2 = A\cos(\omega_0 t + \varphi) \tag{9.4.1a}$$

如图 9.8 所示，应用余弦定理可以求得合振动的振幅，由直角三角形 OPM 可求得合振动的初相位，分别如下所示：

$$A = \sqrt{A_1^2 + A_2^2 + 2A_1A_2\cos(\varphi_2 - \varphi_1)}$$
$$\tan\varphi = \frac{A_1\sin\varphi_1 + A_2\sin\varphi_2}{A_1\cos\varphi_1 + A_2\cos\varphi_2} \tag{9.4.1b}$$

上述合成结果表明，两个同方向同频率简谐振动的合成，仍然是同方向同频率的简谐振动，其中合振动的运动方程、振幅和初相位分别由式（9.4.1a）、（9.4.1b）给出。易于证明，上述方法对于多个同方向同频率简谐振动的合成依然成立，合成结果依然是同方向同频率的简谐振动。正如式（9.4.1b）所示，合振动的振幅与两个分振动的振幅、相位差均有关系，对此可做如下讨论：

（1）若 $(\varphi_2-\varphi_1)=2k\pi$（$k=0$，$\pm1$，$\pm2\cdots$），则两个分振动同相位，即两个分振动旋转矢量同向重合，此时分振动相互加强，合振动振幅最大：

$$A_{\max}=\sqrt{A_1^2+A_2^2+2A_1A_2}=A_1+A_2\text{；}$$

（2）若 $(\varphi_2-\varphi_1)=(2k+1)\pi$（$k=0$，$\pm1$，$\pm2\cdots$），则两个分振动反相位，即两个分振动旋转矢量反向重合，此时分振动相互削弱，合振动振幅最小：

$$A_{\min}=\sqrt{A_1^2+A_2^2-2A_1A_2}=|A_1-A_2|\text{；}$$

（3）若 $(\varphi_2-\varphi_1)$ 为异于（1）、（2）的其他情况，则合振动振幅为：

$$|A_1-A_2|<A<A_1+A_2\text{。}$$

9.4.2　两个相互垂直同频率简谐振动的合成

设有两个相互垂直同频率的简谐振动，分别在平面直角坐标系 x、y 轴上运动，则对应运动方程为

$$x(t)=A_1\cos(\omega_0 t+\varphi_1)$$
$$y(t)=A_2\cos(\omega_0 t+\varphi_2)$$

将 t 消去可得合振动物体的轨迹方程为：

$$\frac{x^2}{A_1^2}+\frac{y^2}{A_2^2}-\frac{2xy}{A_1A_2}\cos(\varphi_2-\varphi_1)=\sin^2(\varphi_2-\varphi_1) \tag{9.4.2}$$

式（9.4.2）为椭圆方程，故两个相互垂直同频率简谐振动的合振动轨迹为椭圆曲线，其具体形状由分振动的振幅及其相位差决定，对此可做如下讨论：

（1）将 $(\varphi_2-\varphi_1)=\pm2k\pi$（$k=0,1,2\cdots$）带入式（9.4.2）得 $y=\dfrac{A_2}{A_1}x$，对应图 9.9 所示斜率为正值的直线；

（2）将 $(\varphi_2-\varphi_1)=\pm(2k+1)\pi$（$k=0,1,2\cdots$）带入式（9.4.2）得 $y=-\dfrac{A_2}{A_1}x$，对应图 9.9 所示斜率为负值的直线；

（3）将 $(\varphi_2-\varphi_1)=(2k+1)\dfrac{\pi}{2}$（$k=0,1,2\cdots$）带入式（9.4.2）得 $\dfrac{x^2}{A_1^2}+\dfrac{y^2}{A_2^2}=1$，对应图 9.9 所示的正椭圆；

（4）当 $\dfrac{\pi}{2}<(\varphi_2-\varphi_1)<\pi,\dfrac{3\pi}{2}<(\varphi_2-\varphi_1)<2\pi$ 或为其他值时，合振动轨迹为图 9.9 所示的斜椭圆。

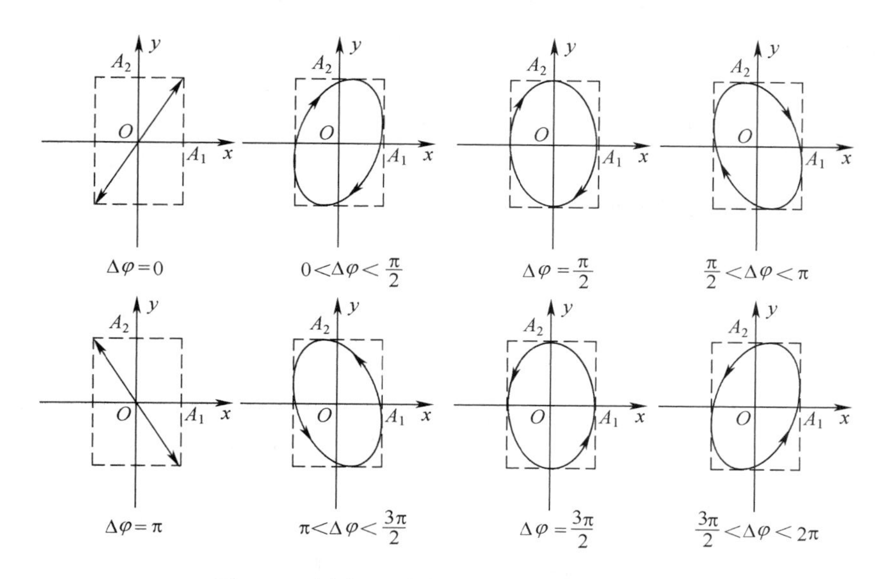

图 9.9　两个相互垂直同频率简谐振动的合成

9.4.3　两个同方向不同频率简谐振动的合成

由于此时两个分振动的频率不同，故两者的相位差及合振动的振幅均与时间有关，而且两个同方向不同频率简谐振动的合成结果一般不再是简谐振动，而是较复杂的振动。以下结合拍现象，仅讨论一种特例，即两个分振动的频率均较大，但两频率差较小的情况。

设有两个同方向不同频率的简谐振动，又有 $|\nu_2-\nu_1| << (\nu_2+\nu_1)$，为简化讨论又不影响合成结果，设两个简谐振动的振幅相同、初相为零，于是有：

$$x_1 = A\cos\omega_{01}t = A\cos 2\pi\nu_1 t$$

$$x_2 = A\cos\omega_{02}t = A\cos 2\pi\nu_2 t$$

由于是两个同方向的振动，故可得合振动的运动方程为：

$$x = x_1 + x_2 = \left(2A\cos 2\pi\frac{\nu_2-\nu_1}{2}t\right)\cos 2\pi\frac{\nu_2+\nu_1}{2}t \qquad (9.4.3)$$

图 9.10 给出了合振动的振动曲线图，其中合振动的振幅随时间做缓慢的周期性变化。这类分振动频率较大、频率差较小的两个同方向不同频率简谐振动的合成，其合振动振幅时大时小周期性变化的现象称为**拍**。

容易看出合振动运动方程式（9.4.3）包含两个周期性变化的因子，但是 $\left(2A\cos 2\pi\frac{\nu_2-\nu_1}{2}t\right)$ 的周期大于 $\cos 2\pi\frac{\nu_2+\nu_1}{2}t$ 的周期，故前者频率要比后者频率小得多，因此前者随时间的变化要比后者缓慢得多。可以类比简谐振动，将变化缓

慢的$\left|2A\cos 2\pi\frac{\nu_2-\nu_1}{2}t\right|$作为合振动的振幅，其值在 0～2$A$ 之间变化，其周期为$\frac{1}{|\nu_2-\nu_1|}$，合振动振幅变化的频率为两个分振动频率之差$\nu=|\nu_2-\nu_1|$，称为**拍频**。将$\left(\frac{\nu_2+\nu_1}{2}\right)$作为合振动的频率，其周期为$\frac{2}{(\nu_2+\nu_1)}$。

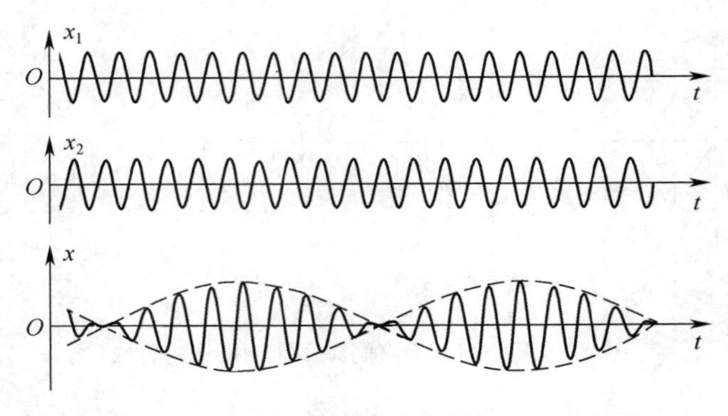

图 9.10　两个同方向不同频率简谐振动的合成

可以利用两个固有频率稍有差异的音叉演示拍现象：敲击两个音叉，由于两者的振动在空间相遇区域的叠加，会听到忽高忽低的“拍音”，而应用“拍音”可以校准钢琴。对于两个频率相近的振动，若已知其一，则可应用拍频的测量测得未知振动的频率，该方法常用于高精度速度测量、卫星跟踪等工程技术领域。

9.4.4　两个相互垂直不同频率简谐振动的合成

两个相互垂直不同频率的简谐振动，其合成结果较为复杂，一般情况下其合振动轨迹不能形成稳定的闭合曲线。但是两个分振动的频率若成整数比，则相应的合振动轨迹为稳定的闭合曲线，且曲线图形与分振动的频率比、初相位、振幅均有关，此类图形称为利萨茹图形，如图 9.11 所示。利用示波器、沙漏摆均可实现利萨茹图形的观察与测量。

由于利萨茹图形的花样与分振动的频率比有关，因此可以利用图形花样确定分振动的频率比，再由已知分振动频率测量获得另一未知分振动的频率。另外若已知两个分振动的频率比，利用利萨茹图形的花样，可以判定两分振动的相位关系，这些测量方法在电学测量技术中均有重要应用。近年来也有设计师以利萨茹图形作为基本设计元素，应用计算机技术将其优化组合，从而构成具有鲜明特色的设计图案，印制在服装、窗帘、桌布等产品上，为大众生活增添了绚丽的色彩。

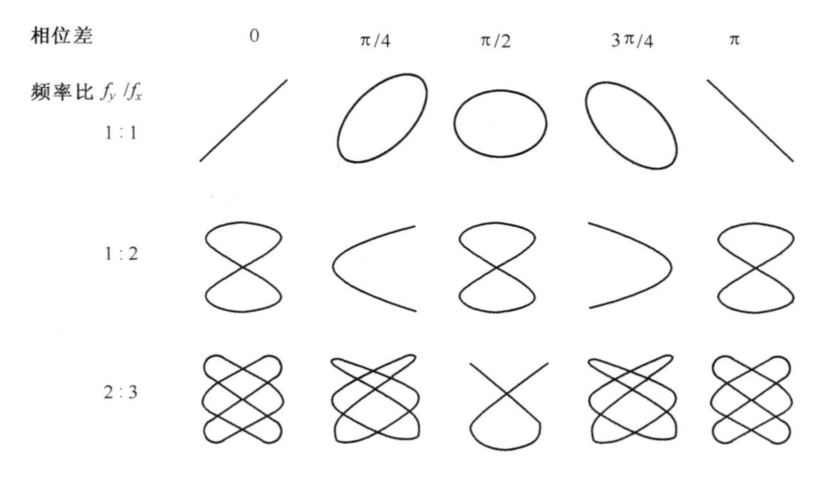

图 9.11　利萨茹图形

9.5　阻尼振动　受迫振动　共振

本节将分别讨论阻尼振动、受迫振动和共振等更接近客观实际的振动。首先建立其动力学方程，然后给出方程的解，最后以实例展示阻尼振动、受迫振动和共振在工程技术领域及日常生活中的应用。

9.5.1　阻尼振动

简谐振动系统是保守系统，系统的机械能守恒，简谐振动是等幅振动。其实简谐振动是在忽略不计各种阻力条件下的理想模型，又称为无阻尼自由振动。而客观实际的振动系统，不可避免地要受到各种形式的阻力作用。在无外界能量补充的情况下，其振幅将随时间逐渐衰减直至为零。振动系统由于受阻力做振幅减小的运动，称为**阻尼振动**。

考虑如图 9.1 所示的弹簧振子在粘性介质中的阻尼振动，设弹簧振子所受阻力与其运动速率成正比，表示为：

$$F_{\gamma}=-\gamma v=-\gamma\frac{\mathrm{d}x}{\mathrm{d}t}$$

其中 γ 称为阻力系数，取决于振动物体的形状、大小及介质的性质，可由实验测量获得。式中的负号表示振动物体所受阻力与其速度反向。选择如图 9.1 所示的坐标系，以固定于地面的水平桌面为惯性系，于是由牛顿第二定律得到该振动系统在弹性力、阻力作用下阻尼振动的动力学方程为：

$$m\frac{\mathrm{d}^2x}{\mathrm{d}t^2}=-kx-\gamma\frac{\mathrm{d}x}{\mathrm{d}t}$$

对于给定的振动系统及介质，m、k、γ 均为常量。若令 $\omega_0^2=\dfrac{k}{m}$、$2\beta=\dfrac{\gamma}{m}$，带入上式整理得：

$$\frac{\mathrm{d}^2x}{\mathrm{d}t^2}+2\beta\frac{\mathrm{d}x}{\mathrm{d}t}+\omega_0^2x=0 \tag{9.5.1}$$

其中 ω_0 为弹簧振子无阻尼自由振动的固有频率，取决于振动系统本身的性质。β 为阻尼系数，与振动系统及阻尼介质有关，是反映阻尼大小的物理量。式（9.5.1）为常系数二阶线性齐次微分方程，对于给定的振动系统，由微分方程理论知，可依据阻尼系数的大小解得三种可能的运动状态，如图 9.12 至图 9.14 所示。

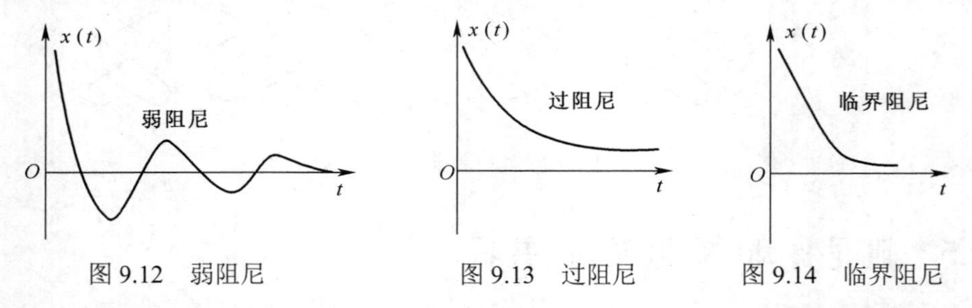

图 9.12　弱阻尼　　图 9.13　过阻尼　　图 9.14　临界阻尼

（1）阻尼较小，即 $\beta<\omega_0$，称为弱阻尼，由式（9.5.1）可求得弱阻尼运动方程为：

$$x(t)=A_0\mathrm{e}^{-\beta t}\cos(\omega t+\varphi_0) \tag{9.5.2}$$

$$\omega=\sqrt{\omega_0^2-\beta^2}$$

其中 A_0、φ_0 由初始条件决定。

（2）阻尼较大，即 $\beta>\omega_0$，称为过阻尼，由式（9.5.1）可求得过阻尼运动方程为：

$$x(t)=c_1\mathrm{e}^{-(\beta-\sqrt{\beta^2-\omega_0^2})t}+c_2\mathrm{e}^{-(\beta+\sqrt{\beta^2-\omega_0^2})t} \tag{9.5.3}$$

其中 c_1、c_2 由初始条件决定。

（3）$\beta=\omega_0$，称为临界阻尼，由式（9.5.1）可求得临界阻尼运动方程为：

$$x(t)=(c_1+c_2t)\mathrm{e}^{-\beta t} \tag{9.5.4}$$

其中 c_1、c_2 由初始条件决定。

9.5.2　受迫振动 共振

在无法克服阻尼，又要维持振动不断进行的情况下，可行的方案是由外界持续向振动系统施加周期性外力。在周期性外力持续作用下，振动系统的振动称为**受迫振动**。

若弹簧振子在阻力 $F_\gamma=-\gamma v$，周期性外力 $F=F_0\cos(\omega_p t)$ 共同作用下振动，选择如图 9.1 所示坐标系，以固定于地面的水平桌面为惯性系，由牛顿第二定律可得该振动系统受迫振动的动力学方程为：

$$m\frac{\mathrm{d}^2x}{\mathrm{d}t^2}=-kx-\gamma\frac{\mathrm{d}x}{\mathrm{d}t}+F_0\cos(\omega_p t) \tag{9.5.5}$$

整理得到：

$$\frac{\mathrm{d}^2x}{\mathrm{d}t^2}+2\beta\frac{\mathrm{d}x}{\mathrm{d}t}+\omega_0^2x=f_0\cos(\omega_p t) \tag{9.5.6}$$

其中 $\omega_0^2=\frac{k}{m}$、$2\beta=\frac{\gamma}{m}$、$f_0=\frac{F_0}{m}$。式（9.5.6）为常系数二阶线性非齐次微分方程，由微分方程理论可知，其解由齐次微分方程式（9.5.1）的通解与非齐次微分方程式（9.5.6）的特解叠加而成，于是得到：

$$x(t)=A_0\mathrm{e}^{-\beta t}\cos(\omega t+\varphi_0)+A_p\cos(\omega_p t+\psi) \tag{9.5.7}$$

值得注意的是，由于式（9.5.7）的第一项为阻尼振动的解，随着时间的延续将衰减为零，因此描述受迫振动稳定状态的解为式（9.5.7）的第二项，即有：

$$x(t)=A_p\cos(\omega_p t+\psi) \tag{9.5.8}$$

对于式（9.5.8）受迫振动稳定状态的解中，其中 ω_p 是周期性外力的频率，而振幅 A_p 及初相 ψ 由振动系统、阻尼力和周期性外力共同确定：

$$A_p=\frac{f_0}{\sqrt{(\omega_0^2-\omega_p^2)^2+4\beta^2\omega_p^2}} \tag{9.5.9}$$

$$\tan\psi=\frac{-2\beta\omega_p}{\omega_0^2-\omega_p^2} \tag{9.5.10}$$

9.5.3 位移共振

由受迫振动稳定状态的振幅式（9.5.9）可知，此时振幅 A_p 是周期性外力角频率 ω_p 的函数。振动系统受迫振动时，其振幅 A_p 达到极大值的现象称为**位移共振**，对应**共振角频率** ω_t 和**共振振幅** A_t。利用式（9.5.9）对 ω_p 求极值可得共振角频率为：

$$\omega_t=\sqrt{\omega_0^2-2\beta^2} \tag{9.5.11}$$

式（9.5.11）称为位移共振条件，由该式可知，ω_t 由该系统的固有角频率 ω_0 和阻尼系数 β 决定。

将式（9.5.11）带入式（9.5.9）得到**共振振幅**为：

$$A_t=\frac{f_0}{2\beta\sqrt{\omega_0^2-\beta^2}} \tag{9.5.12}$$

需要强调的是，ω_t 一般不等于振动系统的固有角频率 ω_0，但当阻尼趋于无限小时，共振角频率无限接近于固有角频率，但此时共振振幅将趋于无限大，产生极强烈的**位移共振**，如图 9.15 所示。当然，客观现实中在没有达到“极强烈的位移共振”之前，振动系统或许就已经被破坏掉了。

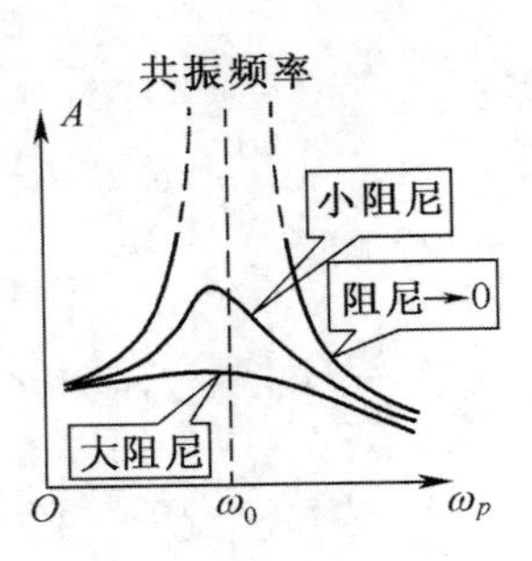

图 9.15　共振频率

9.5.4　阻尼振动、受迫振动和共振的应用

1. 阻尼振动的应用

由 9.5.1 节可知，由于阻尼振动包含有衰减因子 $e^{-\beta t}$，因此阻尼可以导致振动衰减，而适当的阻尼可以使振动消失，故其在工程技术及日常生活中大有用武之地，为消除有害振动提供了有效途径。

（1）诸多类型的减振器工作原理均为阻尼减振，目前常用的汽车减振器就是采用油液或气体作为阻尼介质产生阻尼力，达到阻尼减振的目的，起到改善汽车行驶平顺性的作用。

（2）机械设备也采用阻尼减振，精密机床的阻尼隔振就是减弱影响精度的振动，以保证机床的加工精度。高层建筑工程应用高阻尼橡胶垫隔振，其目的是应用特殊材料减少振动对建筑的损害，确保高层建筑的安全使用。

（3）家用电器如洗衣机、电冰箱等应用阻尼减振技术，其主要目的是降低由于电器振动而产生的噪音，保证生活环境的安静与舒适。特别是马桶盖的减振装置、在房门上安装阻尼铰链等，由于其阻尼接近临界阻尼，故使用时既不会产生噪音，也能较快的关闭。例如当安装阻尼铰链的房门突然被大风吹动时，也能做到无噪音迅速关闭。

（4）易碎物品运输过程增加泡沫塑料等柔软材料的保护，冬季穿着较厚衣服以及脂肪丰富的人摔倒不易骨折等事例，均为阻尼减振原理的应用。

2. 受迫振动的应用

受迫振动有弊有利，如周期性阵风作用下建筑物发生的振动，火车行驶而引起桥梁的周期性振动等均为有害的一面。受迫振动在日常生活中也存在有益于人类的作用，在电磁学、建筑工程、机械工程等领域均有重要应用。

（1）摆钟在发条作用下产生受迫振动，从而实现钟表持续、准确的计时功能。从能量角度看，发条储存的势能定量定时地施加于钟摆，使得钟摆不至于因能量损耗而逐渐停下来。

（2）多种家用按摩器应用偏心电动机产生受迫振动起到按摩健身的作用。

（3）利用冲击振动作用分层夯实回填土的夯土机为一种压实机械。蛙式夯机的工作原理为应用飞轮加装偏心块产生受迫振动，带动夯机机身向前移动，从而实现夯锤自动夯实土壤的功能。

3. 共振的应用

可以利用共振原理研制仪器和设备为人类服务，例如应用共振原理研制的火车秤，可以方便的秤重装载数十吨乃至上百吨矿石的货运车厢。其他应用共振原理的仪器有超声波发生器、回旋质谱仪等。

但共振现象也会产生一些危害，例如 2003 年 10 月 15 日杨利伟乘坐“神舟五号”飞船进入太空，成为中国进入太空的第一人，其实就在火箭上升过程中产生了共振，杨利伟感到非常痛苦，几乎难以承受，共振现象持续约 26 秒后逐渐减轻。返回后他详细描述了“共振”过程。工程技术人员研究认为，飞船的共振主要来自火箭的振动。之后改进了技术工艺，解决了该问题，在“神舟七号”飞行中再没有出现过类似情况。1940 年 11 月 7 日，建成通车不到五个月的美国 Tacoma 悬索桥因阵风引起共振而坍塌，该事故也成为研究建筑物因共振而破坏的典型事例。

因此，在日常生活及工程技术中应采取有效措施和方法，尽量避免共振现象产生的危害。例如火车过桥慢行、大队人马过桥便步走、登山运动禁止大声喧哗等均属于避免共振产生危害的有效措施。

习题 9

9.1 设测试振动台为简谐运动，运动方程为 $x = 0.1\cos(2\pi t + \pi)$，其中 t、x 的单位分别为 s、m，试求：

（1）振动台的振幅、频率、角频率、周期和初相；

（2）$t = 1\text{s}$ 时振动台的位移、速度和加速度。

9.2 钟摆的小角摆动为简谐振动，若已知钟摆的振幅 $A = 4.0\times10^{-2}$（m）、周期 $T = 2.0$（s）、初相 $\varphi = 0.75\pi$。试写出钟摆的运动方程、速度和加速度。

9.3 竖直轻弹簧下端悬挂一小球，弹簧被拉长 $l_0 = 5$（cm）时平衡，释放后小球在竖直方向做振幅 $A = 2$（cm）的振动，取其平衡位置为坐标原点，竖直向下为正建立坐标系，并选取小球在向下最大位移处开始计时。

（1）试证明此振动为简谐振动；

（2）试写出简谐运动方程。

9.4 质量为 m 的小球在半径为 R 的光滑球形碗底做微小振动。设 $t = 0$ 时，$\theta = 0$，小球的速度为 v_0，且如图 9.16 所示向 θ 增加的方向运动。试求小球的振动方程。

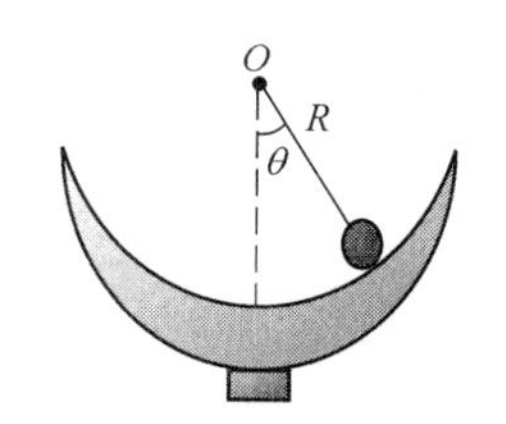

图 9.16 习题 9.4 用图

9.5 现将两个劲度系数分别为 k_1、k_2 的轻质弹簧串联，构成一个组合弹簧系统。设该弹簧系统下端悬挂

质量为 m 物体，若将其置于光滑斜面上运动。

（1）试证明物体做简谐运动；

（2）试求解该系统的振动频率。

9.6　设物体做简谐振动的振幅 $A=4$（cm）、周期 $T=0.5$（s）。若当 $t=0$ 时：

（1）物体在平衡位置并向负方向运动；

（2）物体在 2（cm）处，并向正方向运动；

（3）物体在正方向最大位移处；

试求以上三种情况物体的运动方程。

9.7　设海面上的远洋货轮在竖直方向的运动可近似视为简谐振动，若振幅为 A、周期为 T，且初始时刻货轮的运动状态为：

（1）$x_0=-A$；

（2）通过平衡位置向 x 轴正方向运动；

（3）通过 $x_0=\dfrac{A}{2}$ 处向 x 轴负方向运动；

（4）通过 $x_0=\dfrac{A}{\sqrt{2}}$ 处向 x 轴正方向运动；

试用旋转矢量法确定相应的初相位，并写出振动表达式。

9.8　利用单摆可以测量月球表面的重力加速度。设宇航员将地球上周期为 2.0（s）的秒摆置于月球上，测得其周期为 4.90（s），若取地球表面的重力加速度 $g=9.80$（$\mathrm{m/s^2}$），试求月球表面的重力加速度。

9.9　测量摆钟的摆长，可有多种方法。例如先将某精密摆钟摆锤上移 1（mm），可测得此时摆钟每分钟快 0.1（s），由该数据即可确定钟摆摆长，试确定该精密摆钟的摆长。

9.10　设单摆绳长为 1.0（m），如图 9.17 所示，初始时刻摆角最大为5°，试求：

（1）单摆的角频率和周期；

（2）单摆的运动方程；

（3）摆角为 4° 时的角速度和摆球的线速度。

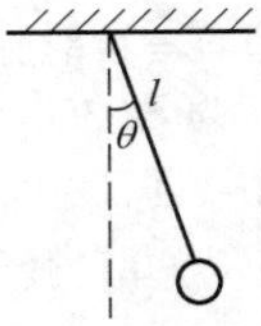

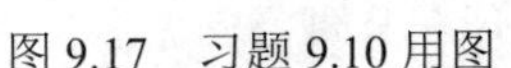

图 9.17　习题 9.10 用图

9.11　设质量为 1（kg）的物体做简谐运动，振幅为 24（cm）、周期为 4（s），当 $t=0$ 时位移为 -12（cm）且向 Ox 轴负方向运动，试求：

（1）简谐运动方程；

（2）由初始位置到 $x=0$ 所需最短时间；

（3）系统的总能量。

9.12　质量为 0.10（kg）的物体，以振幅 1.0×10^{-2}（m）做简谐运动，其最大加速度为 4.0（$\mathrm{m\cdot s^{-2}}$），试求：

（1）物体通过平衡位置时的总能量；

（2）物体位于何处动能与势能相等；

（3）物体的位移为振幅一半时其动能和势能各为多少。

9.13 质量为 1（kg）的物体，以振幅 0.02（m）做简谐振动，其最大加速度为8.0（$m \cdot s^{-2}$），试求：

（1）谐振动周期；

（2）最大动能；

（3）物体在何处动能与势能相等。

9.14 设一物体同时参与在同一直线上的两个谐振动，其振动方程分别为：

$$x_1 = 0.05\cos\left(4t + \frac{\pi}{6}\right)\ (\mathrm{m}),\quad x_2 = 0.02\cos\left(4t - \frac{5}{6}\pi\right)\ (\mathrm{m})$$

试求该物体的振动方程。

9.15 行驶轮船上钟摆的运动可以视为多种振动的合成，假设钟摆同时参与两个同方向同频率的简谐振动，其振动方程分别为：

$$x_1 = 0.4\cos\left(\pi t - \frac{5\pi}{6}\right)\ (\mathrm{m}),\quad x_2 = 0.5\cos(\pi t + \varphi_2)\ (\mathrm{m})$$

试求：

（1）φ_2 为何值时钟摆振动的幅值最大？最大值为多少？

（2）若合振动的初相 $\varphi_0 = \frac{\pi}{6}$，$\varphi_2$ 值为多少，合振幅为多少？

9.16 已知两个同方向同频率的简谐运动方程分别为 $x_1 = 5\cos(10t + 0.75\pi)$（m），$x_2 = 6\cos(10t + 0.25\pi)$（m），试求：

（1）合振动的振幅及初相，并写出合振动的运动方程；

（2）若有另一个同方向同频率的简谐运动 $x_3 = 7\cos(10t + \varphi_3)$（m），则 φ_3 为多少时，$x_1 + x_3$ 的振幅最大？

第 10 章　波动

振动在空间以确定的速度传播称为**波动**，简称波，而机械振动在弹性介质中的传播称为机械波，如声波、水波和地震波等。电磁振荡在空间的传播称为电磁波，例如无线电波、光波和 X 射线等。波动是自然界广泛存在的物质运动的重要形式。

机械波只能在弹性介质中传播，例如声波在空气中传播，水波在水中传播。但是电磁波可以在真空中传播，其传播不需要任何介质。虽然机械波与电磁波的机理不同，但都具有叠加性，都能产生干涉和衍射现象，即两者均具有波动的普遍性质。

本章主要介绍机械波的形成、传播和描述，机械波的衍射与干涉，以及多普勒效应，最后简单介绍声波、电磁波及其应用。

10.1　机械波的产生

10.1.1　机械波的产生

机械波是机械振动在弹性介质中的传播，其产生要有做机械振动的物体，即首先要有**波源**，其次要有弹性介质。因为弹性介质各质点间具有弹性力作用，质点受外界扰动发生振动时，因质点间的弹性力作用，使振动状态传播开去，形成机械波。

机械波传播过程中，介质各质点均在各自平衡位置附近做振动，并未"随波逐流"，因此机械波的传播不是介质的传播。波源的振动状态沿波的传播方向传播，各质点依次重复波源的振动，因此机械波的传播是振动状态的传播，同时也是能量的传播。

10.1.2　横波与纵波

按照介质质点的振动方向与波的传播方向的关系，可将机械波分为横波与纵波。如图 10.1（a）所示，质点振动方向与波的传播方向垂直的波称为**横波**，具有交替出现的波峰和波谷。如图 10.1（b）所示，质点振动方向与波的传播方向平行的波称为**纵波**，具有交替出现的密部和疏部。

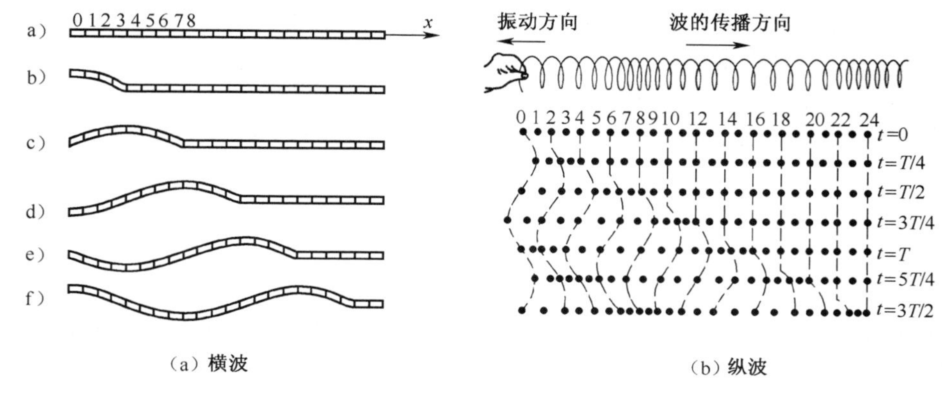

图 10.1　横波与纵波

10.1.3　波线 波面

沿机械波传播方向的射线，称为**波射线**，简称**波线**，波线表示波的传播方向。波动的传播过程中，介质各质点均在其平衡位置附近振动，把振动相位相同的点组成的曲面称为**波面**，沿传播方向最前面的波面称为**波前**。例如在各向同性介质中传播的波如图 10.2（a）所示，点波源发出的波以相同的速度沿空间各个方向传播，故波前为球面，称为**球面波**。如图 10.2（b）所示，波前为平面的波，则称为**平面波**。

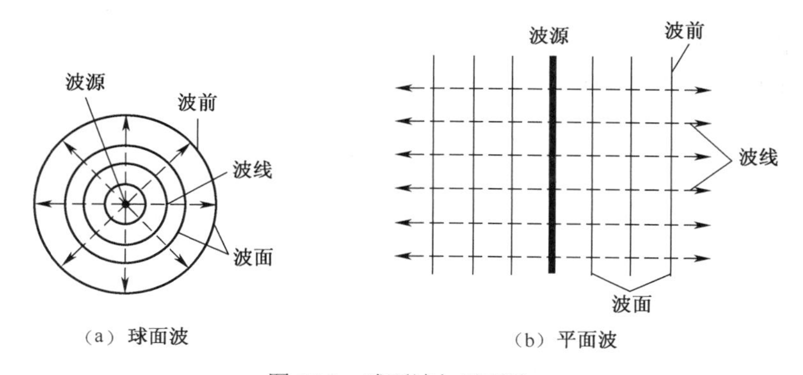

图 10.2　球面波与平面波

10.2　波速 波长 波的周期

10.2.1　波速

波速是指波在介质中的传播速度，用 u 表示。即波源的某振动状态在单位时

间内传播的距离。波速的大小由介质的性质决定，与波源无关。不同介质中波速不同，例如声波在水中的波速就大于其在空气中的波速。

机械波的形成与弹性介质有密切的关系，因而波速与介质的弹性模量、介质的密度均有关。理论和实验均证明，在固体中传播的横波和纵波的波速分别为：

$$u=\sqrt{\frac{G}{\rho}}$$

$$u=\sqrt{\frac{Y}{\rho}}$$

其中 G、Y、ρ 分别为固体的切变模量、弹性模量和密度。而在液体、气体中传播的纵波波速为：

$$u=\sqrt{\frac{K}{\rho}}$$

其中 K、ρ 分别为流体的体积模量和密度。

一定要注意区别波的传播速度和介质质点的振动速度。前者是描述波源的振动状态在介质中传播的快慢，而后者则是反映介质质点振动的快慢。

10.2.2　波长

波动是振动在空间的传播，波动具有空间和时间上的周期性。波动的空间周期性，表现为每隔一定距离，质点的振动状态完全相同。定义沿波的传播方向，两个相邻的振动状态完全相同的点的间距为**波长**。或者沿波的传播方向，两个相邻的、相位差为 2π 的振动质点间的距离为波长，波长用 λ 表示，λ 反映波动在空间的周期性。如图 10.3 所示，从波形图上看 λ 就是一个完整波形的长度。

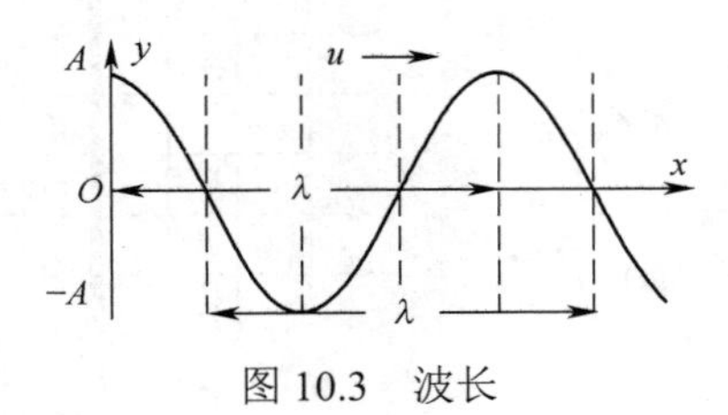

图 10.3　波长

10.2.3　波的周期

波动的时间周期性是指介质中各质点均重复波源的周期性振动。波动的**周期**就是波源的振动周期，也等于任意质点完成一次完全振动所需要的时间，用 T 表示。波的周期也等于某振动状态传播一个波长所需要的时间。周期的倒数称为**波的频率**，用 ν 表示，即有：

$$\nu=\frac{1}{T} \tag{10.2.1}$$

波动的频率等于单位时间内波动所传播的完整波的数目。由波速、波长、波动的周期可得：

$$u=\frac{\lambda}{T}$$

$$u=\lambda\nu \tag{10.2.2}$$

应当注意的是，波动的周期、频率均由波源决定，而波速则仅由介质决定。同一频率的波，其波长随介质的不同而异；同一介质中的波，其波长随频率的不同而异。

例题 10.2.1 可闻声波的频率范围为 20～20000（Hz），常温下，空气中的声速为 $u=334(\mathrm{m\cdot s^{-1}})$，试求可闻声波的波长范围。

解：由 $u=\lambda\nu$ 可得 $\lambda=\frac{u}{\nu}$，于是有：

$$\lambda_1=\frac{u}{\nu_1}=\frac{334}{20}=16.7(\mathrm{m})$$

$$\lambda_2=\frac{u}{\nu_2}=\frac{334}{20000}=0.0167(\mathrm{m})$$

故常温下空气中可闻声波的波长范围是 0.0167～16.7（m）。

10.3 平面简谐波的波函数

10.3.1 平面简谐波

机械波是机械振动在弹性介质中的传播，是弹性介质中所有质点参与的一种集体运动形式。描述弹性介质中所有质点振动规律的表达式称为**波函数**。例如沿 x 轴正方向传播的波，介质中任意位置 x 处的质点在任意时刻 t 的位移即为波函数，可以表示为 $y=y(x,t)$。

机械波传播时，各质点的振动情况是复杂的，以下仅研究最基本、最简单的简谐波。简谐振动在均匀、无吸收的弹性介质中所形成的波，称为简谐波。任何复杂的波均可以看成若干不同频率的简谐波的合成，因此对于简谐波的研究是最基本的，也是最重要的。

按照波面的形状分类，又有**平面简谐波**和**球面简谐波**之分，远离点波源的球面波的局部可以近似为平面波，故平面简谐波的研究尤为重要。

10.3.2 平面简谐波波函数的建立

对于平面简谐波而言，由于沿每条波线波动的传播情况均相同，因此在诸多波线中任取一条，研究该波线的情况就可以代表整个平面简谐波的波动规律。

下面讨论平面简谐波波函数的表达式。

设平面简谐波的波源为坐标原点 O，其振动方程为 $y = A\cos(\omega t + \varphi)$，若以波速 u 沿 x 轴正方向传播，如图 10.4 所示，现考查距原点 x 处 P 点的振动规律。

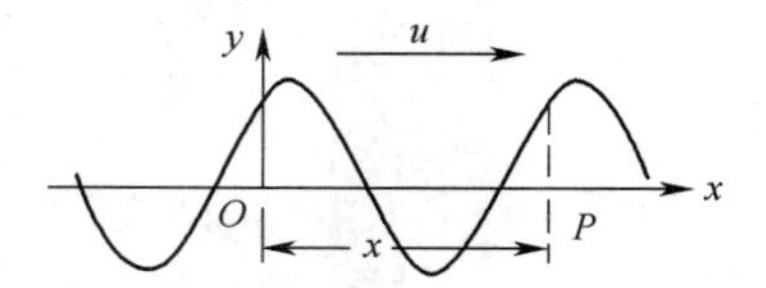

图 10.4　平面简谐波波函数的推导

首先分析波源与 P 处质点的振动规律。已知波源的振动方程，当振动传到各质点时，各质点均以相同的振幅、频率重复波源的振动，即波源与 P 处质点均做振幅、频率相同的简谐振动。波源的振动状态以波速 u 先后传播到各个质点，沿波的传播方向上各质点振动的时间依次落后，即原点 O 的振动早于 P 点的振动。

于是可以应用时间推迟法导出平面简谐波的波函数。由于 P 点重复波源 O 点的振动，而 O 点的振动状态传到 P 点所需要的时间为 $\Delta t = \dfrac{x}{u}$，即经过 Δt 时间，P 点将重复 O 点的振动，或者说 P 点 t 时刻的振动状态与 O 点 $t-\Delta t$ 时刻的振动状态完全相同。即 O 点 $t-\Delta t$ 时刻的振动状态就是 P 点 t 时刻的振动状态，于是有：

$$y_p = y(x,t) = A\cos\left[\omega\left(t - \frac{x}{u}\right) + \varphi\right]$$

由于 P 点是任意选取的，故上式适用于波线上任意点。于是平面简谐波的波函数为：

$$y = A\cos\left[\omega\left(t - \frac{x}{u}\right) + \varphi\right] \tag{10.3.1}$$

再应用相位落后法推导平面简谐波的波函数。设上述平面简谐波的波长为 λ，已知 O 点的振动求 P 点的振动。已知 P 点的振动相位比 O 点的振动相位落后，故求出落后的相位差即可。沿波的传播方向每增加 λ 距离，相位落后 2π，因此 x 点比 O 点相位落后 $2\pi\dfrac{x}{\lambda}$。故 P 点的振动为：

$$y = A\cos\left(\omega t - 2\pi\frac{x}{\lambda} + \varphi\right) \tag{10.3.2}$$

式（10.3.1）、式（10.3.2）就是平面简谐波的波函数。虽然两式表示的是一条波线上任意点的振动规律，但由于平面简谐波所有波线上的规律相同，故波函数能够确定平面简谐波所传播到的介质中任意点处质点的振动规律。

由于 $\omega = \dfrac{2\pi}{T}$，$u = \dfrac{\lambda}{T}$，$\nu = \dfrac{1}{T}$，故式（10.3.2）还可以表示为：

$$y = A\cos\left[2\pi\left(\frac{t}{T} - \frac{x}{\lambda}\right) + \varphi\right] \tag{10.3.3}$$

$$y = A\cos\left[2\pi\left(\nu t - \frac{x}{\lambda}\right) + \varphi\right] \tag{10.3.4}$$

若波沿 x 轴负方向传播，则波函数为：

$$y = A\cos\left[\omega\left(t + \frac{x}{u}\right) + \varphi\right]$$

$$y = A\cos\left(\omega t + 2\pi\frac{x}{\lambda} + \varphi\right)$$

$$y = A\cos\left[2\pi\left(\frac{t}{T} + \frac{x}{\lambda}\right) + \varphi\right]$$

$$y = A\cos\left[2\pi\left(\nu t + \frac{x}{\lambda}\right) + \varphi\right]$$

例题 10.3.1 设平面简谐波的波函数为 $y = 0.05\cos(50\pi t - 0.1\pi x)$（SI），试求波的振幅、波长、周期及波速。

解：（1）将波函数写成式（10.3.3）的形式，即有：

$$y = 0.05\cos(50\pi t - 0.1\pi x) = 0.05\cos\left[2\pi\left(\frac{t}{0.04} - \frac{x}{20}\right)\right]$$

将上式与式（10.3.3）对比可得 $A = 0.05$（m），$\lambda = 20$（m），$T = 0.04$（s），$u = \dfrac{\lambda}{T} =$ 500（$\mathrm{m \cdot s^{-1}}$）。

例题 10.3.2 设有平面简谐波沿 x 轴正方向传播，其波长为 0.2（m），原点处质点的振动方程为 $y = 0.02\cos\left(\pi t + \dfrac{\pi}{4}\right)$，试求此平面简谐波的波函数。

解：由相位落后法知，任意点 x 处质点的振动相位落后原点处质点的振动相位为 $2\pi\dfrac{x}{\lambda} = 10\pi x$，故 x 点处的质点振动方程为：

$$y = 0.02\cos\left(\pi t - 10\pi x + \frac{\pi}{4}\right) \quad \text{(SI)}$$

由于上式的 x 为任意点的坐标，故对波线上任意点均成立，即上式为所求波函数。

10.3.3 波函数的物理意义

以 $y = A\cos\left(\omega t - 2\pi\dfrac{x}{\lambda} + \varphi\right)$ 为例分析波函数的物理意义。

（1）设 $x = x_0$，则 $y = A\cos\left(\omega t - 2\pi\dfrac{x_0}{\lambda} + \varphi\right)$，此时 $y = y(t)$ 仅为时间 t 的函数，仅为描述 x_0 处质点的振动方程。表示 x_0 处的质点做简谐振动，振幅、角频率与波源相同，振动初相为 $\left(-2\pi\dfrac{x_0}{\lambda} + \varphi\right)$。

（2）设 $t=t_0$，则 $y=A\cos\left(\omega t_0-2\pi\dfrac{x}{\lambda}+\varphi\right)$，此时 $y=y(x)$ 仅为 x 的函数，表示 t_0 时刻波线上各质点相对其平衡位置的位移分布，即 t_0 时刻的波形图。

（3）当 x、t 均变化时，$y(x,t)=A\cos\left(\omega t-2\pi\dfrac{x}{\lambda}+\varphi\right)$ 为波函数，表示波线上所有质点在不同时刻的位移分布，即波线上所有质点的振动规律。

（4）若波函数 $y(x,t)$ 对时间 t 求一阶导数，即可得到 x 处质点的振动速度为：

$$v=\frac{\partial y}{\partial t}=-\omega A\sin\left(\omega t-2\pi\frac{x}{\lambda}+\varphi\right)$$

若波函数 $y(x,t)$ 对时间 t 求二阶导数，即可得到 x 处质点的振动加速度为：

$$a=\frac{\partial^2 y}{\partial t^2}=-\omega^2 A\cos\left(\omega t-2\pi\frac{x}{\lambda}+\varphi\right)$$

例题 10.3.3 设平面简谐波沿 x 轴负方向传播，波速 $u=400(\mathrm{m\cdot s^{-1}})$，$t=0(\mathrm{s})$ 时的波形如图 10.5 所示，试求此平面简谐波的波函数。

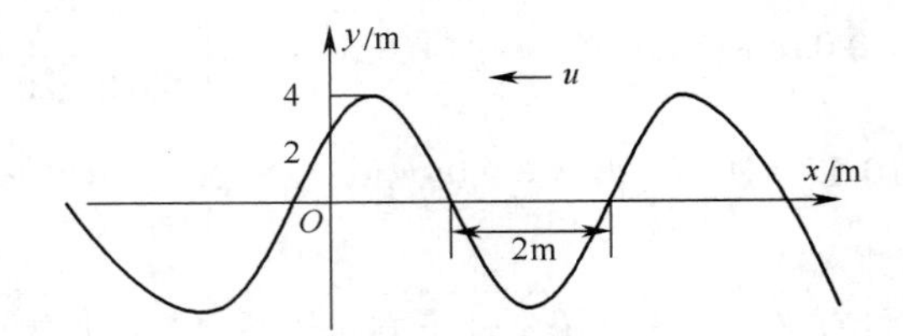

图 10.5 沿 x 轴负方向传播的平面简谐波

解：设波函数为：

$$y=A\cos\left[\omega\left(t+\frac{x}{u}\right)+\varphi\right]$$

由图 10.5 得 $A=4$（m），$\lambda=4$（m），$\omega=\dfrac{2\pi}{T}=2\pi\dfrac{u}{\lambda}=200\pi$（$\mathrm{rad\cdot s^{-1}}$），$O$ 点的初相由旋转矢量法可求，如图 10.5 所示，当 $t=0$ 时，$x=0$ 处质点的位移为 2（m），代入波函数得 $2=4\cos\varphi$，故有：

$$\varphi=\pm\frac{\pi}{3}$$

因 $t=0$ 时，$x=0$ 处质点沿 y 轴的正方向运动。如图 10.6 所示，取 $\varphi=-\dfrac{\pi}{3}$，故平面简谐波的波函数为：

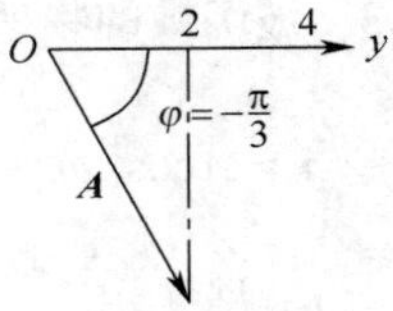

$$y=4\cos\left[200\pi(t+\frac{x}{400})-\frac{\pi}{3}\right]$$

图 10.6

例题 10.3.4 设平面简谐波沿 Ox 轴正方向传播，波长 $\lambda=4$（m），已知 $x=0$ 处质点的振动曲线如图 10.7 所示，试求：

（1） $x = 0$ 处质点的振动方程；

（2）波函数的表达式；

（3）画出 $t=1$（s）时刻的波形曲线。

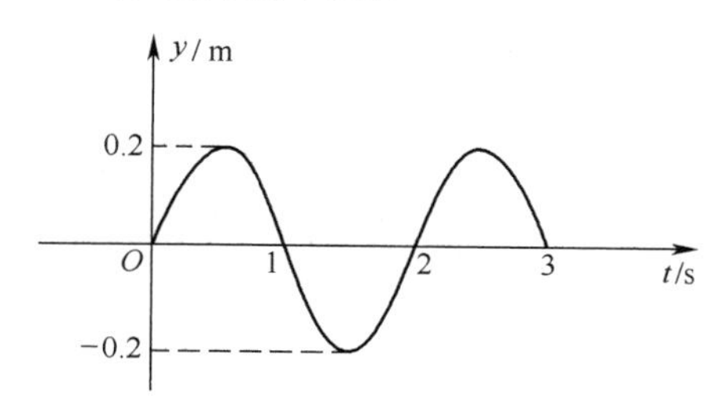

图 10.7　$x=0$ 处质点的振动曲线

解：（1）设 $x = 0$ 处质点的振动方程为：

$$y = A\cos(\omega t+\varphi)$$

由图 10.7 知，$A=0.2$(m)，$T = 2$(s)，$\omega=\dfrac{2\pi}{T}=2\pi\dfrac{u}{\lambda}=\pi$（$\text{rad}\cdot\text{s}^{-1}$），$t=0$ 时，将 $y=0$ 代入振动方程得 $0=0.2\cos\varphi$，故 $\varphi=\pm\dfrac{\pi}{2}$。又 $t=0$ 时，$x=0$ 处质点向正方向运动，由旋转矢量法得 $\varphi=-\dfrac{\pi}{2}$，故 $x = 0$ 处质点的振动方程为：

$$y=0.2\cos\left(\pi t-\frac{\pi}{2}\right)$$

（2）由相位落后法知，任意点 x 处质点的振动相位落后原点质点的相位 $2\pi\dfrac{x}{\lambda}=0.5\pi x$，故波函数为：

$$y=0.2\cos\left(\pi t-0.5\pi x-\frac{\pi}{2}\right)$$

（3）将 $t=1\text{s}$ 代入波函数得：

$$y=0.2\cos\left(\frac{\pi}{2}-0.5\pi x\right)$$

按照上式画出 $t=1\text{s}$ 时刻的波形图如图 10.8 所示。

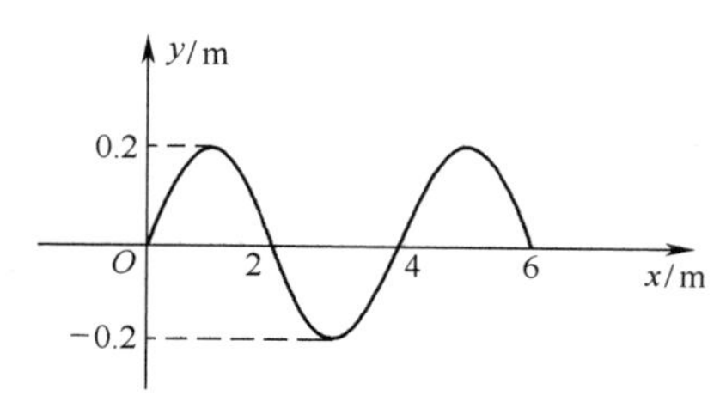

图 10.8　$t=1\text{s}$ 时刻的波形图

10.4 波的能量

10.4.1 波动的能量密度

波动传播时介质中各质点均在各自平衡位置附近振动，因而介质中各质点具有动能，同时因介质产生形变而具有弹性势能。波的能量是指介质中质点的动能与势能之和。

设有平面简谐波在密度为 ρ 的弹性介质中沿 x 轴正向传播，其波函数为：

$$y = A\cos\omega\left(t - \frac{x}{u}\right)$$

在 x 处取体积元为 $\mathrm{d}V$ 的质点，其质量 $\mathrm{d}m = \rho\mathrm{d}V$，当波源的振动状态传到该质点时，其振动速度为：

$$v = \frac{\partial y}{\partial t} = -A\omega\sin\omega\left(t - \frac{x}{u}\right)$$

质点的振动动能、弹性势能和质点的总能量分别为：

$$\mathrm{d}E_k = \frac{1}{2}\mathrm{d}mv^2 = \frac{1}{2}\rho\mathrm{d}VA^2\omega^2\sin^2\omega\left(t - \frac{x}{u}\right) \tag{10.4.1}$$

$$\mathrm{d}E_p = \frac{1}{2}\rho dVA^2\omega^2\sin^2\omega\left(t - \frac{x}{u}\right) \tag{10.4.2}$$

$$\mathrm{d}E = \mathrm{d}E_k + \mathrm{d}E_p = \rho\mathrm{d}VA^2\omega^2\sin^2\omega\left(t - \frac{x}{u}\right) \tag{10.4.3}$$

由式（10.4.1）、式（10.4.2）看出，任意时刻质点的动能、势能均相等，两者同时达到最大值 $\frac{1}{2}\rho\mathrm{d}VA^2\omega^2$，同时达到最小值 0。由式（10.4.3）可以看出，质点的总能量不守恒，随时间在 0～ $\rho\mathrm{d}VA^2\omega^2$ 之间做周期性变化。即在波动过程中，每个质点都在不断吸收能量，传递能量，故波的传播过程也是能量的传播过程。

为了描述介质中各处能量的分布情况，引入波的**能量密度**，即单位体积介质内的波动能量：

$$w = \frac{\mathrm{d}E}{\mathrm{d}V} = \rho A^2\omega^2\sin^2\omega\left(t - \frac{x}{u}\right) \tag{10.4.4}$$

式（10.4.4）表明，介质的能量密度随时间做周期性变化，其一个周期内的平均值定义为**平均能量密度**，其值为：

$$\overline{w} = \frac{1}{T}\int_0^T w\mathrm{d}t = \frac{1}{T}\rho A^2\omega^2\int_0^T \sin^2\omega\left(t - \frac{x}{u}\right)\mathrm{d}t = \frac{1}{2}\rho A^2\omega^2 \tag{10.4.5}$$

10.4.2 波动的能流密度

波动过程中，能量随波的传播不断由波源向外传播，为了描述波动过程中能量的传播，引入**能流密度**。单位时间内通过垂直于波传播方向的单位面积的平均能量，称为能流密度，用 I 表示。如图 10.9 所示，取垂直于波传播方向的面积 ΔS，$\mathrm{d}t$ 内通过 ΔS 的平均能量等于体积 $\Delta V = u\mathrm{d}t\Delta S$ 内的平均能量，即 $\overline{w}\Delta V = \overline{w}u\mathrm{d}t\Delta S$。故能流密度为：

$$I = \frac{\overline{w}u\mathrm{d}t\Delta S}{\mathrm{d}t\Delta S} = \overline{w}u = \frac{1}{2}\rho A^2\omega^2 u \qquad (10.4.6)$$

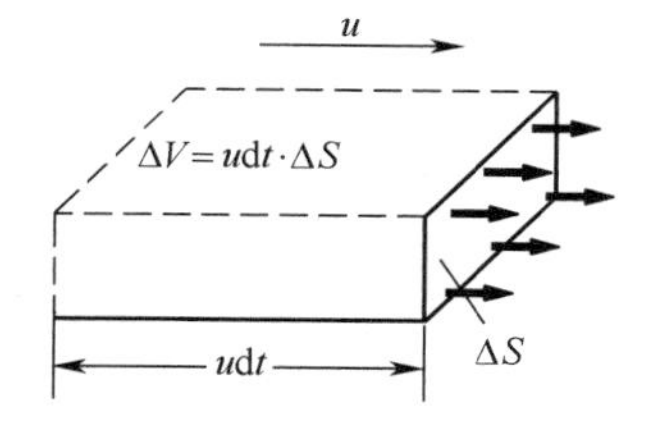

图 10.9　波的能流密度

式（10.4.6）表明，能流密度与振幅的平方成正比。能流密度越大，单位时间内通过垂直于波的传播方向单位面积的能量越多，波就越强，故 I 是描述波强弱的物理量，因而又称为波的**强度**。

例题 10.4.1　试证明球面简谐波的强度与波面距波源距离的平方成反比，球面简谐波的振幅与波面距波源的距离成反比。

证明：如图 10.10 所示，波源位于 O 点，波先后垂直通过半径为 r_1、r_2 的球面，由于单位时间内通过两个球面的平均能量相等，故得：

$$4\pi r_1^2 I_1 = 4\pi r_2^2 I_2$$

$$\frac{I_1}{I_2} = \frac{r_2^2}{r_1^2}$$

所以球面简谐波的强度与波面距波源距离的平方成反比。

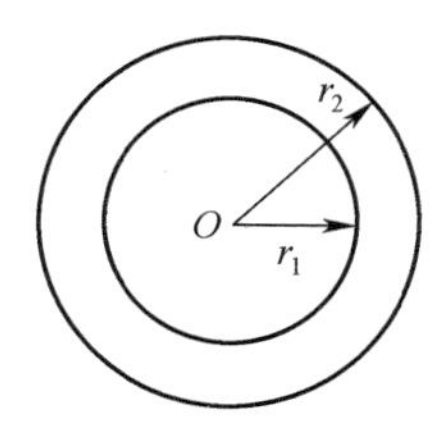

图 10.10　球面简谐波的强度

将式（10.4.6）代入上式得：

$$\frac{A_1}{A_2} = \frac{r_2}{r_1}$$

故球面简谐波的振幅与波面距波源的距离成反比。从该例题看出，球面波的强度随距波源距离的增加逐渐衰减。

10.5 波的衍射

10.5.1 惠更斯原理及其应用

波动过程中介质的任意质点都在重复波源的振动，故每个质点均可视为新的波源。荷兰物理学家克里斯蒂安・惠更斯（Christian Huygens，1629～1695年）于1690年提出**惠更斯原理**：介质中波动传播到的各点，均可视为发射子波的波源，而在其后的任意时刻，这些子波的包络就是新的波前。对任何波动过程，不论介质均匀还是非均匀，是各向同性还是各向异性，惠更斯原理均适用。

下面以球面波为例，说明惠更斯原理的应用。如图10.11所示，以O为中心的球面波以波速u在各向同性均匀介质中传播。t时刻波前为半径R_1的球面S_1，由惠更斯原理知，S_1上的各点均可视为发射子波的新波源，以S_1上各点为中心、以$r = u\Delta t$为半径可以画出许多半球形子波，则这些子波的包络S_2即为$t + \Delta t$时刻新的波前。显然，S_2是以O为中心，以$R_2 = R_1 + u\Delta t$为半径的球面。照此处理即可不断获得新的波前。同理还可画出平面波任意时刻的波前，如图10.12所示。

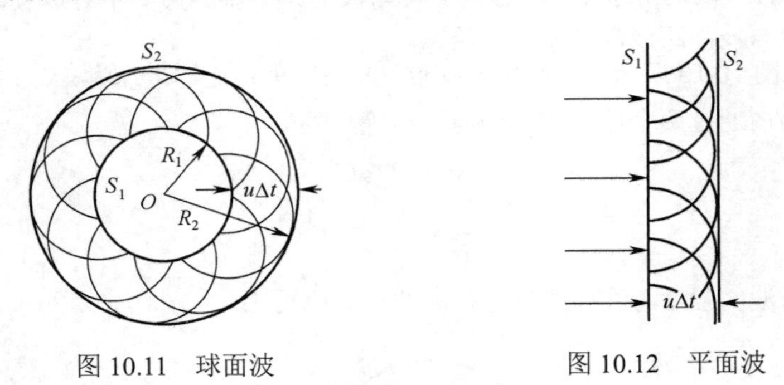

图10.11 球面波　　图10.12 平面波

于是只要已知某一时刻的波前，就可以根据惠更斯原理，用几何作图法确定下一时刻的波前，进而确定波的传播方向。由原理还可以解释波的反射、折射现象，还可以定性地解释波的衍射现象。

10.5.2 波的衍射

波在传播过程中遇到障碍物时，能够绕过障碍物继续传播的现象，称为波的**衍射**。应用惠更斯原理可以定性地解释该现象。如图10.13所示，平面波到达宽度与波长λ相近的狭缝时，缝上各点均可视为发射子波的波源，这些子波在缝前方的包络就是新的波前。显然此时的波前已不再是平面，由于波的衍射，其传播方向发生改变，波绕过了障碍物继续向前传播。

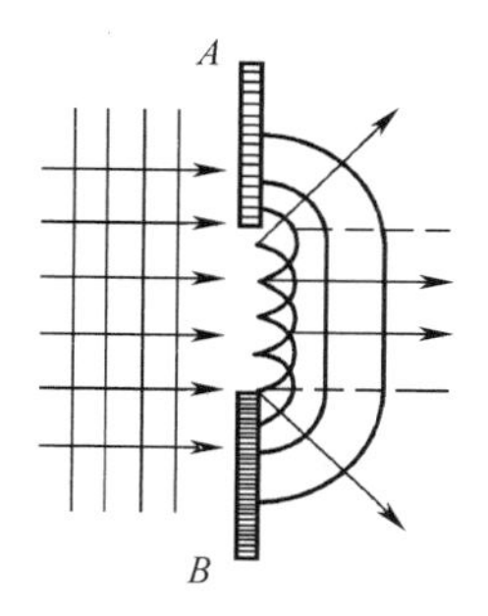

图 10.13　波的衍射现象

实验发现：当障碍物 AB 的缝宽远大于波长时，衍射现象不明显。障碍物 AB 的缝宽越小，通过缝后的波面越弯曲，衍射现象越明显。因此，障碍物的线度与波长之比决定衍射现象的显著与否。声波的波长远大于可见光的波长，故声波的衍射现象比光的衍射现象更常见、更显著。例如在室内能够听到室外的声音，就是由于声波绕过门缝等障碍物发生衍射的缘故。波的衍射现象是波动性质之一，不仅存在于机械波中，也同样存在于电磁波、物质波等其他形式的波动中。

10.6　波的叠加原理　波的干涉

10.6.1　波的叠加原理

日常生活中常能观察到这样的现象：将两块石子投入水中，激起以石子落点为圆心的两圆形水面波，这些水面波在相遇处叠加，形成较强烈的起伏，然后交叉而过，仍是以原落点为圆心的两圆形水面波，好像在传播过程中没有与其他波相遇一样。又如虽几个人同时讲话，但人们仍然能够清晰地分辨出每个人的声音。实验研究表明：①几列波在同一介质中传播，相遇之后，仍然保持其各自原有的频率、波长、振幅、振动方向不变，并按照原来的方向继续前进；②在相遇区域内任意点的振动，为各列波单独存在时在该点引起振动的合成。上述波动传播的规律称为**波的叠加原理**。该原理适用于强度较小的线性波，对于非线性波不适用。例如核爆炸产生的强烈冲击波、强激光等，波的叠加原理均不再适用。

10.6.2　波的干涉

振幅、频率、相位均不相同的几列波叠加时，情况较为复杂。而由两个频率相同、振动方向相同、相位差恒定的波源发出的波叠加时，空间某些地方振动始终加强，某些地方振动始终减弱，形成波的强度在空间稳定分布的现象称为波的**干涉**。产生干涉现象的波称为**相干波**，相应的波源称为**相干波源**。干涉也是波动的性质之一。

将两个小球装在同一支架上，使小球的下端紧靠水面。当支架沿竖直方向以确定的频率振动时，两小球和水面的接触点就产生两个频率相同、振动方向相同、相位相同的相干波源，各自发出圆形水面波，在其相遇水面上将发生干涉现象，如图 10.14 所示。有些地方水面起伏较大如图 10.14 中亮处，说明这些地方干涉加强，而有些地方水面只有微弱的起伏，甚至平静不动，如图 10.14 中暗处，说明这些地方干涉减弱。

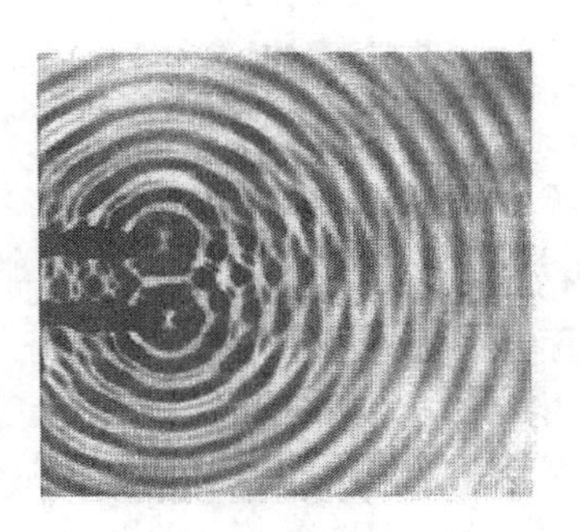

图 10.14　水波的干涉

如图 10.15 所示，是由单一波源产生干涉的方法。在波源 S 附近放置开有两个小孔 S_1、S_2 的障碍物，S_1、S_2 到 S 的距离相等。S_1、S_2 发出的波是两个频率相同、振动方向相同、相位差恒定的相干波，所以产生干涉现象。由图可见，S_1、S_2 发出一系列球面波，两相邻波峰或波谷间的距离为一个波长 λ。当两波动在空间相遇时，其波峰与波峰重合处或波谷与波谷重合处，即图中实线与实线相交的各点或虚线与虚线相交的各点，则振动始终加强，合振幅最大。若两波的波峰与波谷重合处，即图中实线与虚线相交的各点，则振动始终减弱，合振幅最小。

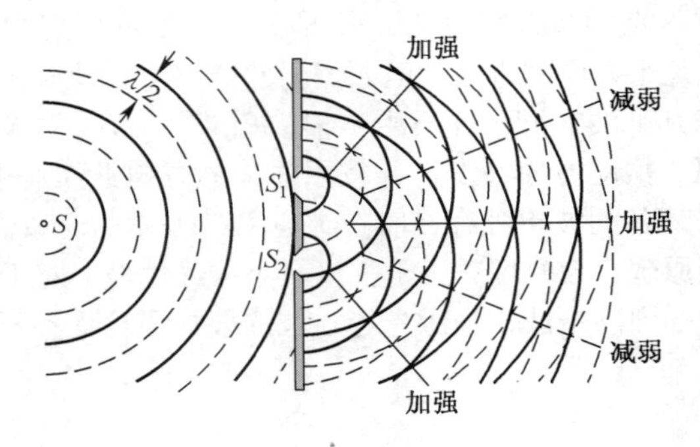

图 10.15　单一波源产生波的干涉

下面从波的叠加原理出发，应用同方向、同频率振动合成的结论，分析干涉现象的产生，并确定干涉加强和干涉减弱的条件。

如图 10.16 所示，设角频率为 ω，初相位分别为 φ_1、φ_2，振幅分别为 A_1、A_2 的两相干波源 S_1、S_2，其简谐振动方程分别为：

$$y_1 = A_1 \cos(\omega t + \varphi_1)$$
$$y_2 = A_2 \cos(\omega t + \varphi_2)$$

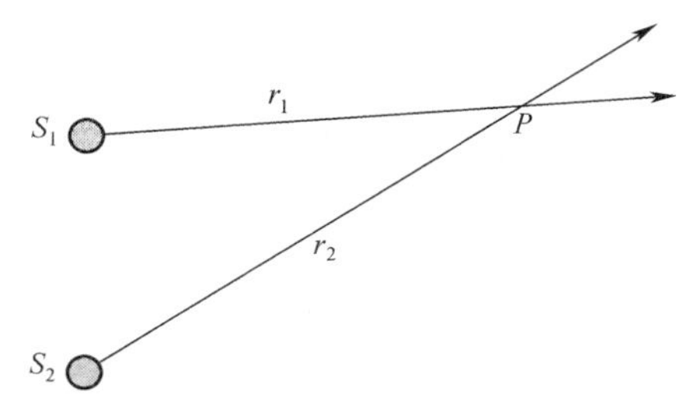

图 10.16　波的干涉的理论分析

设两列相干波在点 P 相遇，S_1、S_2 到 P 点的距离分别为 r_1、r_2，于是 P 点的振动方程分别为：

$$y_{1p} = A_1 \cos\left(\omega t + \varphi_1 - \frac{2\pi r_1}{\lambda}\right)$$

$$y_{2p} = A_2 \cos\left(\omega t + \varphi_2 - \frac{2\pi r_2}{\lambda}\right)$$

点 P 同时参与以上两式表示出的两个同方向、同频率的简谐振动，其合振动也为简谐振动，设合振动的运动方程为：

$$y_p = y_{1p} + y_{2p} = A\cos(\omega t + \varphi)$$

由式（9.4.1b）可知合振幅为：

$$A = \sqrt{A_1^{\ 2} + A_2^{\ 2} + 2A_1 A_2 \cos\Delta\varphi}$$

因此合振动的振幅由分振动的振幅 A_1、A_2，以及相位差 $\Delta\varphi$ 决定。式中相位差为：

$$\Delta\varphi = \left(\varphi_2 - \frac{2\pi r_2}{\lambda}\right) - \left(\varphi_1 - \frac{2\pi r_1}{\lambda}\right)$$

$$= \varphi_2 - \varphi_1 - 2\pi\frac{r_2 - r_1}{\lambda}$$

仿照 9.4.1 节的讨论可得：

$$\Delta\varphi = \varphi_2 - \varphi_1 - 2\pi\frac{r_2 - r_1}{\lambda} = \pm 2k\pi \text{（}k = 0, 1, 2, \cdots\text{）} \qquad (10.6.1)$$

$$\Delta\varphi = \varphi_2 - \varphi_1 - 2\pi\frac{r_2 - r_1}{\lambda} = \pm(2k+1)\pi \text{（}k = 0, 1, 2, \cdots\text{）} \qquad (10.6.2)$$

故满足式（10.6.1）的空间各点，合振幅最大，其值为 $A = A_1 + A_2$。而满足式（10.6.2）的空间各点，合振动的振幅最小，其值为 $A = |A_1 - A_2|$。式（10.6.1）、式（10.6.2）分别称为相干波的干涉加强、干涉减弱条件。

例题 10.6.1 如图 10.17 所示两相干波源分别位于 P、Q 两点，其振幅、频率皆为 2（cm）、100（Hz），且两波源初相位相同。设 P、Q 相距 15（cm）、波速为 10（$\mathrm{m\cdot s^{-1}}$），R 为 PQ 延长线上一点，试求 R 处质点的合振幅。

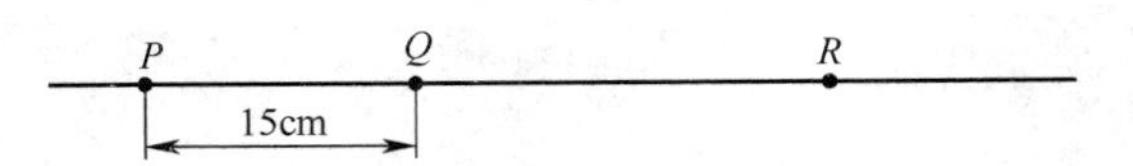

图 10.17 相干波的叠加

解：由于 P、Q 是两相干波源，故在 R 处发生相干叠加，R 处质点的合振幅为：

$$A=\sqrt{A_1^{\ 2}+A_2^{\ 2}+2A_1A_2\cos\Delta\varphi}$$

其中：

$$\Delta\varphi=\varphi_2-\varphi_1-2\pi\frac{QR-PR}{\lambda}$$

由题意知：

$$\varphi_2-\varphi_1=0$$

$$QR-PR=-0.15\text{（m）}$$

$$\lambda=\frac{u}{\nu}=0.1\text{（m）}$$

可得：

$$\Delta\varphi=3\pi$$

由于上式满足式（10.6.2），故所求结果为合振动振幅最小

$$A=\left|A_1-A_2\right|=0$$

即 R 处质点因干涉而静止。

若两相干波源的初相位相同 $\varphi_1=\varphi_2$，令 δ 表示两相干波源到点 P 的波程差，即有 $\delta=r_2-r_1$，则式（10.6.1）、式（10.6.2）可简化为：

$$\delta=r_2-r_1=\pm k\lambda\quad(k=0,1,2,\cdots)\tag{10.6.3}$$

$$\delta=r_2-r_1=\pm(2k+1)\frac{\lambda}{2}\quad(k=0,1,2,\cdots)\tag{10.6.4}$$

即波程差等于波长整数倍的空间各点合振幅最大，波程差等于半波长的奇数倍的空间各点合振幅最小。在其他情况的空间各点，合振幅的数值则在最大值 A_1+A_2 和最小值 $\left|A_1-A_2\right|$ 之间。

干涉是波动特有的现象，具有广泛的应用，例如大礼堂、影院、剧院等建筑物的设计，就必须考虑声波的干涉效果，而光波干涉原理则可利用于光波波长的测量等。

10.6.3 驻波

两振幅相等的相干波，在同一直线上沿相反方向传播时叠加而形成的特殊干

涉现象称为**驻波**。如图 10.18 所示虚线、实线分别表示沿 Ox 轴正、负方向传播的振幅相等的两列相干波，粗实线表示两波叠加结果。设 $t=0$ 时，入射波和反射波的波形刚好重合，其合成结果为两波在各点叠加所得。$t=\dfrac{T}{8}$ 时，两波分别向右、左各传播 $\dfrac{\lambda}{4}$ 距离，其合成结果为余弦曲线。$t=\dfrac{T}{4}$ 时，两列波分别向右、左各传播 $\dfrac{\lambda}{2}$ 距离，其合成结果为在各点合位移为零的直线 Ox 轴。$t=\dfrac{3T}{8}$、$t=\dfrac{T}{2}$ 时，其合成结果在各点的合位移分别与 $t=\dfrac{T}{8}$、$t=0$ 时的合位移大小相等，但方向相反。

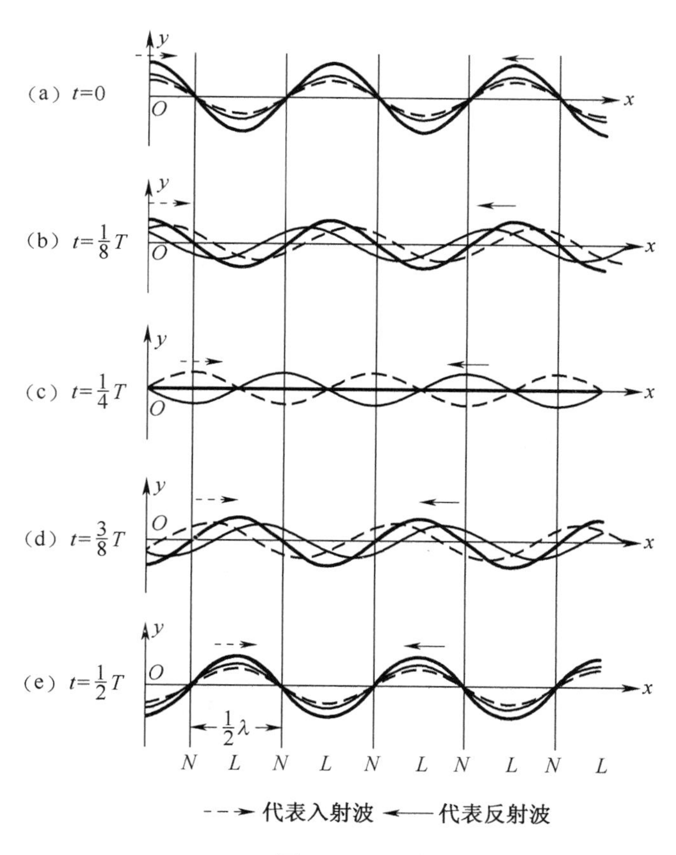

图 10.18　驻波

如图 10.19 所示为弦线驻波实验的示意图。电动音叉末端系水平弦线，弦线的另一端通过滑轮系砝码使弦拉紧。当音叉振动时，调节劈尖 B 至适当位置，使 AB 具有半波长的整数倍，弦线向右传播的波到达 B 点后又在 B 点反射，向左传播。如此振幅、频率均相等的入射波和反射波在弦线上沿相反方向传播便形成驻波。

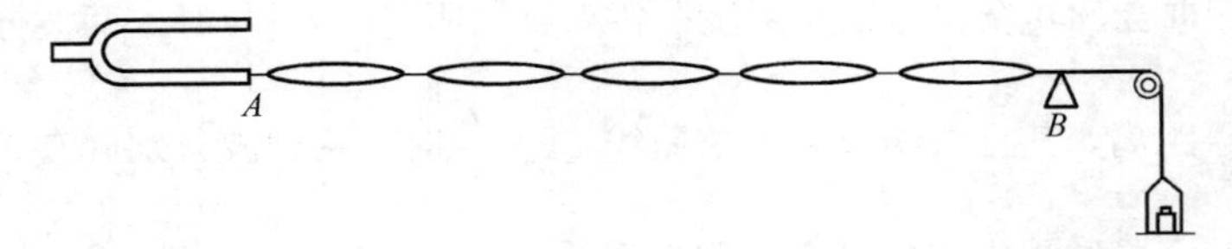

图 10.19　弦线上的驻波

1. 驻波方程

设弦线上沿相反方向传播的两等幅相干波，振幅为 A，频率为 ν，其波函数分别为：

$$y_1 = A\cos 2\pi\left(\nu t - \frac{x}{\lambda}\right)$$

$$y_2 = A\cos 2\pi\left(\nu t + \frac{x}{\lambda}\right)$$

由波的叠加原理可得：

$$y = y_1 + y_2 = A\cos 2\pi\left(\nu t - \frac{x}{\lambda}\right) + A\cos 2\pi\left(\nu t + \frac{x}{\lambda}\right)$$

应用三角函数关系可将上式化为：

$$y = 2A\cos 2\pi\frac{x}{\lambda}\cos 2\pi\nu t \tag{10.6.5}$$

式（10.6.5）为驻波方程，由两函数乘积构成，第一项 $2A\cos 2\pi\frac{x}{\lambda}$ 与时间无关，仅为位置 x 的函数，表明不同位置处质点的振幅不同；第二项 $\cos 2\pi\nu t$ 仅为时间 t 的函数，表明弦线的质点做频率为 ν 的简谐振动。下面对驻波方程做进一步讨论。

（1）波节和波腹。

因弦线上各点做振幅为 $\left|2A\cos 2\pi\frac{x}{\lambda}\right|$ 的简谐振动，故满足 $\cos 2\pi\frac{x}{\lambda} = 0$ 的点，振幅均为零，这些始终不动的点称为**波节**。而满足 $\left|\cos 2\pi\frac{x}{\lambda}\right| = 1$ 的点振幅最大，均为 $2A$，这些振动最强的点称为**波腹**。弦线上其余各点的振幅均在零与最大值之间。

因在波节处有：

$$\cos 2\pi\frac{x}{\lambda} = 0$$

故有：

$$2\pi\frac{x}{\lambda} = \pm(2k+1)\frac{\pi}{2}$$

故波节的位置为：

$$x = \pm(2k+1)\frac{\lambda}{4} \quad (k = 0, 1, 2, \cdots)$$

相邻两波节的间距为：

$$x_{n+1} - x_n = \left[2(n+1)+1\right]\frac{\lambda}{4} - (2n+1)\frac{\lambda}{4} = \frac{\lambda}{2}$$

即相邻两波节间距均为半个波长。

因波腹处有：

$$\left|\cos 2\pi\frac{x}{\lambda}\right| = 1$$

故有：

$$2\pi\frac{x}{\lambda} = \pm k\pi$$

故波腹的位置为：

$$x = \pm k\frac{\lambda}{2} \quad (k = 0, 1, 2, \cdots)$$

相邻两波腹间距为：

$$x_{n+1} - x_n = (n+1)\frac{\lambda}{2} - n\frac{\lambda}{2} = \frac{\lambda}{2}$$

即相邻两波腹间距也是半个波长。由此可见，只要由实验测得两相邻波节或波腹间距，就可以确定波长。

（2）各点的相位。

由式（10.6.5）可以看出，弦线上各点的相位与$\cos 2\pi\frac{x}{\lambda}$的正负有关，凡是使$\cos 2\pi\frac{x}{\lambda}$为正的点，振动相位均为$2\pi\nu t$。凡是使$\cos 2\pi\frac{x}{\lambda}$为负的点，振动相位均为$2\pi\nu t+\pi$。波节两侧的点，$\cos 2\pi\frac{x}{\lambda}$具有相反的符号，故波节两侧的点振动相位相差$\pi$。在两相邻波节间，$\cos 2\pi\frac{x}{\lambda}$具有相同的符号，各点的振动相位相同。即波节两侧各点同时沿相反方向到达各自位移的最大值，又同时沿相反方向通过平衡位置。而两相邻波节之间各点沿相同方向到达各自位移的最大值，又同时沿相同方向通过平衡位置。可见弦线不仅做分段振动，而且各段同步振动。在任意时刻，驻波都有确定的波形，但此波形既不左移也不右移，各点以确定的振幅在各自的平衡位置附近振动，因此称为驻波。

2. 半波损失

如图 10.19 所示弦线上的驻波，波在固定点 B 处反射形成波节。实验表明，若波在弦线自由端反射，则反射处形成波腹。一般情况下，在两种介质分界处形成波节还是波腹，与波的种类、两种介质的性质、入射角等因素有关。将 ρu 较大的介质称为**波密介质**，ρu 较小的介质称为**波疏介质**。当波从波疏介质垂直入射到波密介质时，在分界面处反射形成波节，反之，则在反射处形成波腹。

若在两种介质的分界面上形成波节，说明入射波与反射波在此处的振动反相，即反射波在分界处的振动相位较之入射波跃变 π，相当于出现了半个波长的波程差，通常把这种现象称为**相位跃变** π，或称为**半波损失**。

例题 10.6.2 设沿 x 轴正方向传播的平面简谐波的波函数为 $y_{入} = 10^{-3}\cos\left[100\pi\left(t-\dfrac{x}{100}\right)\right]$（m），波在固定端 A 处发生反射，位于 x 轴上的 A 点到原点的距离 $x_A = 2.25\text{m}$，试求：（1）反射波的波函数；（2）驻波方程；（3）原点与 A 点间波节、波腹的坐标。

解：（1）设反射波方程为：

$$y_{反} = 10^{-3}\cos\left[100\pi\left(t+\frac{x}{100}\right)+\varphi_0\right]$$

φ_0 为反射波在原点的初相位，则反射波在 A 处的振动方程为：

$$y_{反A} = 10^{-3}\cos\left[100\pi\left(t+\frac{2.25}{100}\right)+\varphi_0\right]$$

而入射波在 A 点处的振动方程为：

$$y_{入A} = 10^{-3}\cos\left[100\pi\left(t-\frac{2.25}{100}\right)\right]$$

在固定端发生反射，反射波与入射波在反射处振动相位相差 π，即有：

$$100\pi\left(t+\frac{2.25}{100}\right)+\varphi_0-100\pi\left(t-\frac{2.25}{100}\right)=\pi$$

解得 $\varphi_0 = -3.5\pi = -4\pi+\dfrac{\pi}{2}$，取 $\varphi_0 = \dfrac{\pi}{2}$，故得：

$$y_{反} = 10^{-3}\cos\left[100\pi\left(t+\frac{x}{100}\right)+\frac{\pi}{2}\right]$$

（2）驻波方程为：

$$y = y_{入}+y_{反} = 2\times10^{-3}\cos\left(\pi x+\frac{\pi}{4}\right)\cos\left(100\pi t+\frac{\pi}{4}\right)$$

（3）令 $\cos\left(\pi x+\dfrac{\pi}{4}\right)=0$，得波节坐标为：

$$x_{节} = n+\frac{1}{4}\quad（n=0,1,2\cdots）$$

由于原点与 A 点之间的点满足 $0\leqslant x\leqslant 2.25$，故取 $x_{节}=0.25$（m），1.25（m），2.25（m）。

令$\left|\cos\left(\pi x+\frac{\pi}{4}\right)\right|=1$，得波腹坐标为：

$$x_{腹}=n-\frac{1}{4}\quad(n=0,1,2\cdots)$$

同样由$0\leqslant x\leqslant 2.25$，得到$x_{腹}=0.75$（m），1.75（m）。

10.7 多普勒效应

日常生活经常遇到波源或观察者，或二者相对于介质运动的情况，这时观察者接收到波的频率与波源的频率不同。例如高速行驶的列车鸣笛而来，静止于站台的观察者听到汽笛的频率变高，当列车鸣笛远去时，静止于站台的观察者听到汽笛的频率变低。这种由于观察者或者波源运动而使观察者接收到的频率与波源频率不同的现象，称为**多普勒效应**。对机械波来说，运动或静止均相对介质而言。为便于讨论多普勒效应，首先明确三类频率：

（1）波源的频率ν，为波源单位时间内振动的次数，或单位时间内发出的完整波数目；

（2）波的频率ν_b，为介质的质点在单位时间内振动的次数，或单位时间内通过介质中某点的完整波数，并且$\nu_b=\frac{u}{\lambda_b}$，其中$u$为波速，$\lambda_b$为波长；

（3）观察者接收到的频率ν'，为观察者单位时间内接收到的振动次数或完整波数。

多普勒效应发生时，上述三类频率可能互不相同。下面分三种情况进行讨论，为了简单起见，只讨论波源和观察者沿其连线相对介质运动的情况。

10.7.1 波源不动，观察者相对介质运动的多普勒效应

设波源相对于介质静止，观察者相对于介质以速度v_o向着波源运动，如图10.20 所示，观察者在dt时间内接收到的完整波数多于其静止状态，等于分布于$(u+v_o)\mathrm{d}t$内的波数，于是观察者接收到的频率为：

$$\nu'=\frac{u+v_o}{\lambda_b}$$

其中λ_b为介质中的波长，且$\lambda_b=\frac{u}{\nu_b}$。波源相对于介质静止时，波的频率等于波源的频率$\nu_b=\nu$，于是上式可写为：

$$\nu'=\frac{u+v_o}{u}\nu \tag{10.7.1}$$

当观察者远离波源运动时，通过类似分析不难求得观察者接收到的频率为：

$$\nu' = \frac{u - v_o}{u}\nu \tag{10.7.2}$$

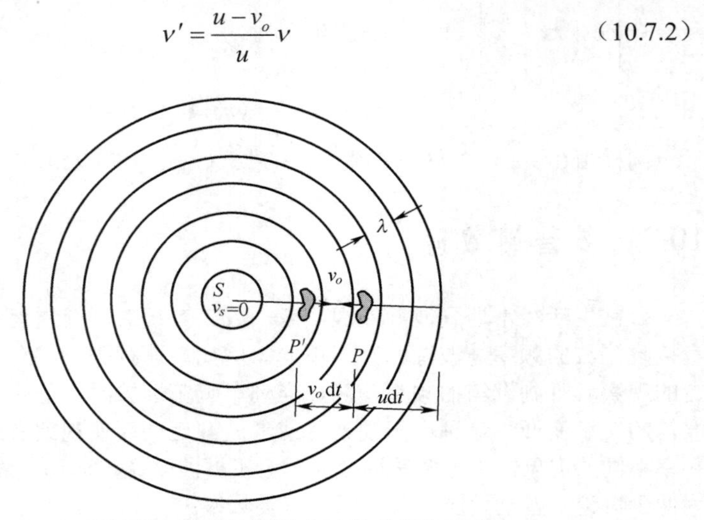

图 10.20　观察者向静止波源运动时的多普勒效应

式（10.7.1）、式（10.7.2）表明，当观察者向静止波源运动时，其接收到的频率ν'高于波源频率ν，且为波源频率的$\left(1+\frac{v_o}{u}\right)$倍，当观察者远离波源运动时，其接收到的频率$\nu'$低于波源频率$\nu$。

10.7.2　观察者不动，波源相对介质运动的多普勒效应

当波源相对于介质以速率v_s向观察者运动时，波源的振动在一个周期内向前传播到 A 处，同时波源也在波的传播方向上移动了v_sT的距离，到达S'点，如图 10.21 所示，结果使一个完整的波被挤压在$S'A$之间，若波源静止时的波长为λ，则此时介质中的波长为：

$$\lambda_b = \lambda - v_sT = (u - v_s)T = \frac{u - v_s}{\nu}$$

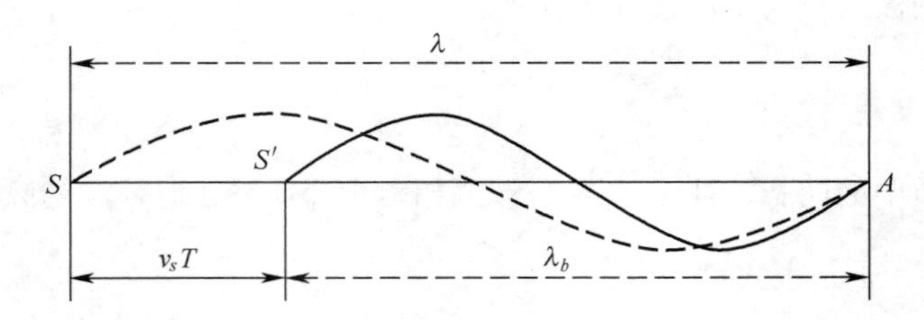

图 10.21　波源运动时的多普勒效应

于是得到波的频率为：

$$\nu_b = \frac{u}{\lambda_b} = \frac{u}{u - v_s}\nu$$

由于观察者相对于介质静止，故其接收到的频率ν'即为波的频率ν_b，即有：

$$\nu' = \frac{u}{u - v_s}\nu \tag{10.7.3}$$

若波源远离观察者运动，通过类似分析，可求得观察者接收到的频率为：

$$\nu' = \frac{u}{u + v_s}\nu \tag{10.7.4}$$

式（10.7.3）、式（10.7.4）表明，当波源向静止的观察者运动时，观察者接收到的频率ν'高于波源频率ν，当波源远离观察者运动时，观察者接收到的频率ν'低于波源频率ν。

当波源向着观察者运动的速度大于波速时，即有$v_s > u$，急速运动波源的前方不可能有波动，所有的波面将被挤压而聚集在一个圆锥面内，如图 10.22 所示，此时波的能量高度集中，这种波称为**冲击波**或**激波**。当飞机、炮弹以超音速飞行时，或火药爆炸、核爆炸时，均会在空间产生具有一定破坏力的冲击波。

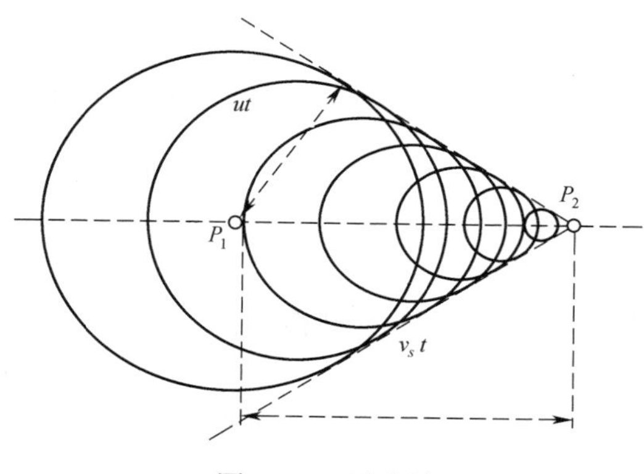

图 10.22　冲击波

10.7.3　波源与观察者同时相对介质运动的多普勒效应

综合 10.7.1 和 10.7.2 节的两种情况，可以得到当波源与观察者同时相对介质运动时，观察者接收到的频率为：

$$\nu' = \frac{u \pm v_o}{u \mp v_s}\nu \tag{10.7.5}$$

其中观察者相对介质向波源运动时，v_o前取正号，远离时v_o前取负号，波源相对介质向观察者运动时，v_s前取负号，远离时v_s前取正号。总之，不论波源运动还是观察者运动，或者两者都运动，只要两者相互接近，接收到的频率就高于波源的频率，两者相互远离，接收到的频率就低于波源的频率。

例题 10.7.1 某军事演习中两艘潜艇在水中相向而行，甲艇速度为$50.0(\mathrm{km\cdot h^{-1}})$，乙艇速度为$70.0(\mathrm{km\cdot h^{-1}})$，如图 10.23 所示。甲艇发出$1.0\times10^3(\mathrm{Hz})$的声音信号，设声波在水中的传播速度为$5.47\times10^3(\mathrm{km\cdot h^{-1}})$，试求：（1）乙潜艇接收到信号的频率；（2）甲潜艇接收到从乙潜艇反射信号的频率。

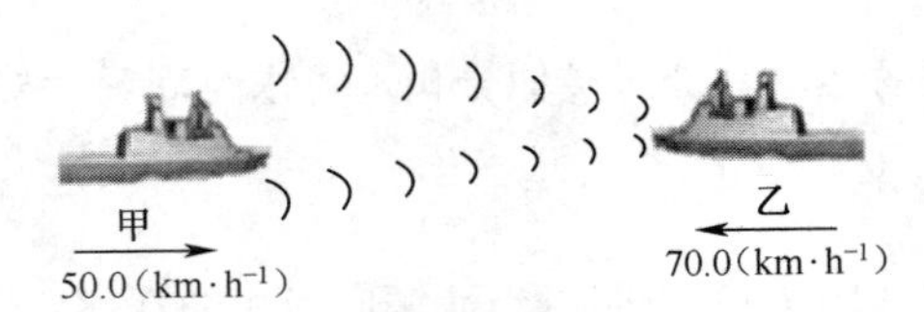

图 10.23 两艘潜艇相向而行

解：（1）设甲艇为波源、乙艇为观察者，由于相向运动即有$v_s=v_甲$、$v_o=v_乙$，于是得到乙潜艇接收到信号的频率为：

$$\nu'=\frac{u+v_{乙}}{u-v_{甲}}\nu=\frac{5.47\times10^3+70.0}{5.47\times10^3-50.0}\times1.0\times10^3=1.022\times10^3(\mathrm{Hz})$$

（2）乙艇接收到信号后将反射与接收频率相同的信号，此时乙艇是波源，甲艇为观察者，故甲艇接收到的信号频率为：

$$\nu''=\frac{u+v_{甲}}{u-v_{乙}}\nu'=\frac{5.47\times10^3+50.0}{5.47\times10^3-70.0}\times1.022\times10^3=1.045\times10^3(\mathrm{Hz})$$

当波源与观察者不是沿两者的连线运动时，以上各式仍可适用，只是其中v_o和v_s应为运动速度沿连线方向的分量，因为垂直于连线方向的速度分量不产生多普勒效应。

电磁波也产生多普勒效应，即光谱红移和光谱蓝移。根据天文观测，光谱蓝移是宇宙星光的个别现象，而光谱红移是宇宙星光的普遍现象，而且谱线的红移宽度与星球间的距离成正比，说明宇宙处在膨胀之中，这是“宇宙大爆炸”学说的重要依据之一。

10.8 声波及其应用

10.8.1 声波

机械振动在弹性介质中传播即可形成声波。人耳对于声波频率的敏感范围在20～20000Hz 之间，称为**可闻声波**。水下声学是研究声音在水中传播的学科，根据声波从海底的反射，可进行较精确的海深测量。专门研究人耳听觉原理的学科称为耳蜗力学，耳聋病人使用的助听器就是该学科的研究成果之一。创立耳蜗力学的美籍匈牙利物理学家格奥尔格·冯·贝克西（G.Von Békésy，1899～1972 年），仿造耳蜗的结构，用人工系统通过实验，创造性地研究了人耳听觉而获得 1961 年诺贝尔生理学或医学奖，成为在该学科第一个获得诺贝尔奖的物理学家。

声波具有机械波的一般特性，例如在介质分界面上发生反射、折射，遇到障碍物发生衍射、散射，两束相干声波相遇时产生干涉，产生多普勒效应等。频率高于 20000Hz 的声波称为**超声波**，频率低于 20Hz 的声波称为**次声波**。

10.8.2 超声波

超声波一般由具有磁致伸缩或压电效应的晶体振动产生，其特点为频率高、波长短、衍射效果小，但其传播方向性好，能量可集中成束。其声强与频率的二次方成正比，故超声波具有极大的声强。其穿透本领较强，特别是在液体、固体中传播时，衰减极小，在不透明的固体中能穿透几十米的厚度。超声波在传播中遇到两类介质的分界面时会有显著的反射效果。超声波的这些特性，使其在工程技术及日常生活中有着广泛的应用。例如超声波可用于无损探测工件内部的缺陷，也可用于水下探测鱼群、水雷和潜艇，利用超声波可显示人体内病变，还可进行医学治疗等。

10.8.3 次声波

次声波又称为亚声波，其频率在10^{-4}～20Hz 之间。火山爆发、地震、陨石落地、大气湍流、雷暴、磁暴等自然现象中均有次声波产生。次声波频率低，衰减极小，具有远距离传播的突出优点。因此次声波已经成为研究地球、海洋、大气强有力的工具。次声波还会对生物体产生影响，某些频率的强次声波能引起人体疲劳，甚至导致死亡，因此次声波还可以作为战争武器。对于次声波的产生、传播、接收和应用等方面的研究已形成现代声学的一个新的分支——次声学。

10.9 电磁波及其应用

变化的电场和变化的磁场相互激发，由近及远以有限的速度在空间传播就形成电磁波。本节简单介绍电磁波的波动方程、电磁波的性质、电磁波谱以及电磁波的应用。

10.9.1 电磁波的波动方程

1．自由空间电磁波的波动方程

在自由空间，由于电荷密度 $\rho=0$，电流密度 $\boldsymbol{J}=0$，则有：

$$\nabla^2\boldsymbol{E}=\frac{1}{u^2}\cdot\frac{\partial^2\boldsymbol{E}}{\partial t^2} \qquad (10.9.1)$$

其中 $u=\dfrac{1}{\sqrt{\varepsilon\mu}}$ 为 $\boldsymbol{E}$ 的传播速度，式（10.9.1）为电场满足的微分方程。

在直角坐标系中，式（10.9.1）的表达式可写为：

$$\nabla^2 \boldsymbol{E} = \frac{\partial^2 \boldsymbol{E}}{\partial x^2} + \frac{\partial^2 \boldsymbol{E}}{\partial y^2} + \frac{\partial^2 \boldsymbol{E}}{\partial z^2} = \frac{1}{u^2} \cdot \frac{\partial^2 \boldsymbol{E}}{\partial t^2} \tag{10.9.2}$$

同理可得磁场满足的微分方程为：

$$\nabla^2 \boldsymbol{B} = \varepsilon\mu \frac{\partial^2 \boldsymbol{B}}{\partial t^2} = \frac{1}{u^2} \cdot \frac{\partial^2 \boldsymbol{B}}{\partial t^2} \tag{10.9.3}$$

在直角坐标系中，式（10.9.3）的表达式可写为：

$$\nabla^2 \boldsymbol{B} = \frac{\partial^2 \boldsymbol{B}}{\partial x^2} + \frac{\partial^2 \boldsymbol{B}}{\partial y^2} + \frac{\partial^2 \boldsymbol{B}}{\partial z^2} = \frac{1}{u^2} \cdot \frac{\partial^2 \boldsymbol{B}}{\partial t^2} \tag{10.9.4}$$

磁场同样满足波动方程，且传播速度也为$u = \frac{1}{\sqrt{\varepsilon\mu}}$。

综上所述，电场和磁场均以波动的形式按相同的波速传播，电磁场的运动形成电磁波。

2. 平面电磁波的波动方程

当电磁波沿 x 轴正方向传播时，$\boldsymbol{E}$ 和 $\boldsymbol{H}$ 仅与 x、t 有关，而与 y、z 无关，且有：

$$E_x = E_z = 0\,,\quad E = E_y$$
$$H_x = H_y = 0\,,\quad H = H_z$$

分别代入式（10.9.2）、式（10.9.4）得：

$$\frac{\partial^2 E_y}{\partial x^2} = \frac{1}{u^2} \cdot \frac{\partial^2 E_y}{\partial t^2} \tag{10.9.5}$$

$$\frac{\partial^2 H_z}{\partial x^2} = \frac{1}{u^2} \cdot \frac{\partial^2 H_z}{\partial t^2} \tag{10.9.6}$$

式（10.9.5）、式（10.9.6）分别表示变化电场、变化磁场的一维平面波的波动方程，其解分别为：

$$E_y = E_0 \cos\left[\omega\left(t - \frac{x}{u}\right) + \varphi\right] \tag{10.9.7}$$

$$H_z = H_0 \cos\left[\omega\left(t - \frac{x}{u}\right) + \varphi\right] \tag{10.9.8}$$

式（10.9.7）、式（10.9.8）为沿 x 轴传播的一维平面电磁波的波函数。

10.9.2 电磁波的性质

在自由空间传播的电磁波具有以下性质：

（1）$\boldsymbol{E}$ 和 $\boldsymbol{H}$ 均按余弦规律做周期性变化，而且相位相同；

（2）电磁波是横波，电磁波的 $\boldsymbol{E}$、$\boldsymbol{H}$ 与波的传播方向相互垂直并在各自的平面内振动，如图 10.24 所示，$\boldsymbol{E}$、$\boldsymbol{H}$ 和 $\boldsymbol{u}$ 构成右手螺旋关系；

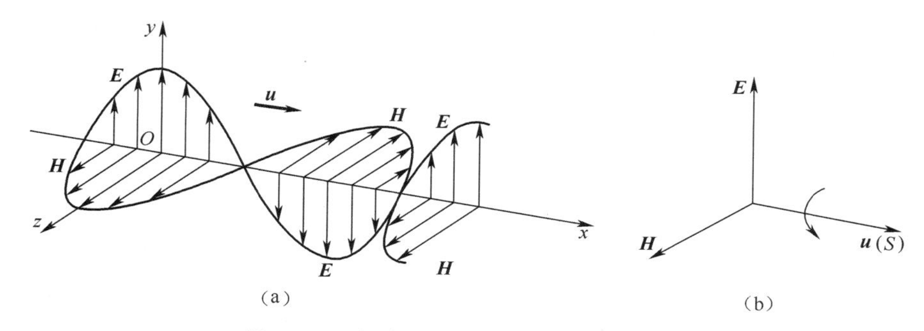

图 10.24 电磁波中的 $\boldsymbol{E}$ 、$\boldsymbol{H}$ 与 $\boldsymbol{u}$ 的关系

（3）$\boldsymbol{E}$ 和 $\boldsymbol{H}$ 量值的关系为：

$$\sqrt{\varepsilon}E=\sqrt{\mu}H \tag{10.9.9}$$

（4）电磁波的传播速度为：

$$u=\frac{1}{\sqrt{\varepsilon\mu}}=\frac{1}{\sqrt{\varepsilon_0\varepsilon_r\mu_0\mu_r}}=\frac{c}{\sqrt{\varepsilon_r\mu_r}} \tag{10.9.10}$$

电磁波在介质中传播的速度取决于介质的电容率 ε 和磁导率 μ 。由于 ε 和 μ 与电磁波的频率有关，因此介质中不同频率的电磁波具有不同的传播速度，这就是电磁波在介质中的色散现象，如太阳光通过玻璃三棱镜可观察到不同颜色的光即为光波的色散现象。

10.9.3 电磁波谱及电磁波的应用

电磁波的范围较广，从无线电波、红外线、可见光、紫外线、X射线到 γ 射线等。按照电磁波的频率或波长大小依次排列起来，就得到如图 10.25 所示的电磁波谱。

电磁波谱中波长最长的为无线电波，分为长波、中波、短波、超短波和微波。长波在介质中传播时耗损较小，常用于远距离通讯及导航。中波多用于航海和航空定向及无线电广播。短波常用于无线电广播、电报、通讯。超短波和微波多用于雷达、无线电导航。

红外线的波长在 600μm～0.76μm 之间，可用于红外雷达、红外照相和夜视仪等，由于红外线有显著的热效应，故其可用于红外烘干、取暖。波长在 760nm～400nm 之间的波可为人眼感知，称为可见光波。波长在 400nm～5nm 之间的波称为紫外线，医学上常用于杀菌，农业上常用于诱杀害虫。

X 射线的波长在 5nm～0.04nm 之间，具有较强的穿透力，可用于医疗透视、金属部件内部损伤检查，以及用于晶体结构分析等。

γ 射线的波长在 0.04nm 以下，其穿透力比 X 射线还强，可用于产生高能粒子，放射性实验，还可用于天体研究。

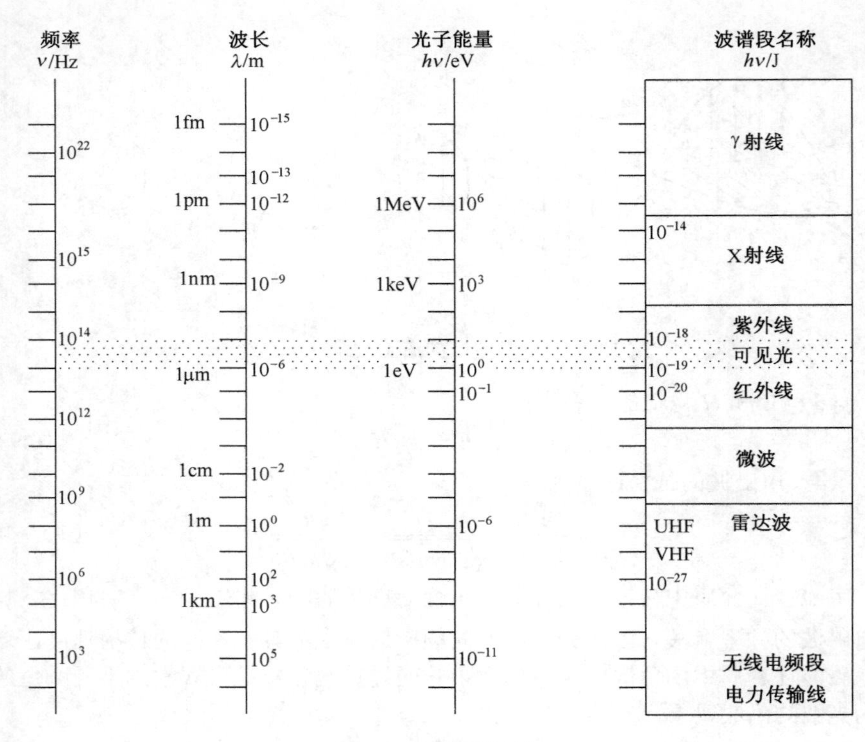

图 10.25　电磁波谱

习题 10

10.1　设平面简谐波 $y=0.05\cos\left(8\pi t-2\pi x+\dfrac{\pi}{4}\right)$（SI），试求该平面简谐波的振幅、周期、波长及波速。

10.2　以波速 $u=20(\mathrm{m\cdot s^{-1}})$ 沿 x 轴正方向传播的平面简谐波，设原点处质点的振动方程为 $y=0.03\cos(4\pi t-\pi)$（SI），试求波函数。

10.3　波长 $\lambda=10(\mathrm{m})$ 的平面简谐波沿 x 轴负方向传播，波线上原点处质点的振动方程为 $y=0.05\cos\left(5\pi t-\dfrac{\pi}{3}\right)$（SI），试求波函数。

10.4　设有平面简谐波沿 x 轴正方向传播，振幅为 2（cm），频率为 50（Hz），波速为 $200(\mathrm{m\cdot s^{-1}})$。$t=0$ 时，$x=0$ 处的质点位于平衡位置且向 y 轴正方向运动，试求：

（1）波函数；

（2）$x=1(\mathrm{m})$ 处介质质点的振动方程；

（3） $x=1$（m）的处质点在 $t=2$（s）时的振动速度。

10.5　如图 10.26 所示为平面简谐波 $t=0$ 时刻的波形图，设其频率为 250（Hz），振幅为 0.1（m），且此时质点 P 的运动方向向下，试求：

（1）波函数；

（2）距原点 O 100（m）处质点的振动方程与振动速度。

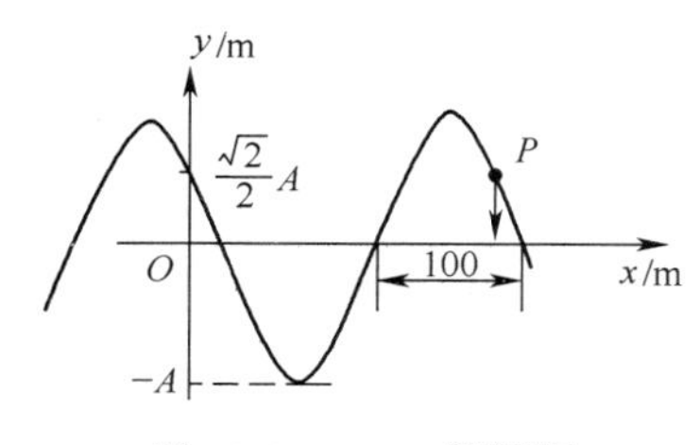

图 10.26　10.5 题用图

10.6　如图 10.27 所示为平面简谐波 $t=0$ 时的波形图，已知其频率为 250（Hz），且此时点 P 的运动方向向上，试求：

（1）波函数；

（2）距原点 7.5（m）处质点的运动方程及 $t=0$ 的振动速度。

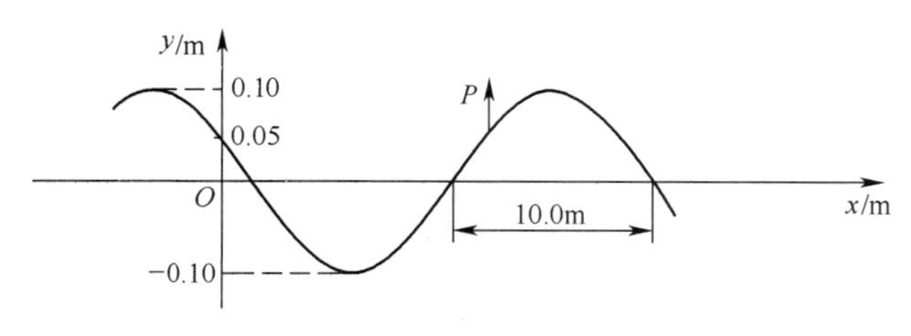

图 10.27　10.6 题用图

10.7　设两相干波源位于同一介质中 A、B 两点，其振幅相等、频率皆为 100（Hz），且 B 点比 A 点的相位超前 π，若两点相距 30.0（m），波速为 400（$\mathrm{m\cdot s^{-1}}$），试求 A、B 连线上因干涉而静止的点的位置。

10.8　入射波 $y=0.01\cos\left[200\pi\left(t-\dfrac{x}{10}\right)\right]$（SI），在固定端反射形成驻波，设坐标原点与固定端相距 0.5（m），试写出：

（1）反射波的波函数；

（2）驻波方程。

10.9　设细弦上的驻波方程为 $y=0.02\cos(10\pi x)\cos(200\pi t)$（SI），试求：

（1）相邻波节之间的距离；

（2）相干波的振幅及波速。

10.10　设提琴弦长为 50（cm），其两端固定。不用手指按压时，提琴发出的声音为 A 调，440（Hz），若要发出 C 调，528（Hz），手指应按压在何处？

10.11　医学诊断应用多普勒效应可检测人体器官的运动速度。设将频率为ν的超声脉冲垂直射向胆囊壁，得到的回声频率$\nu' > \nu$，设胆囊内声速为u，求胆囊壁的蠕动速度。

10.12　设有警车以 25($\mathrm{m \cdot s^{-1}}$)的速度在无风的条件下行驶，若车上警笛的频率为 800（Hz），设空气中声速为u=330($\mathrm{m \cdot s^{-1}}$)，试求：

（1）静止站在路边的交警听到警车驶近及离去时警笛的频率；

（2）若警车追赶速度为 15($\mathrm{m \cdot s^{-1}}$)的客车，客车司机听到的警笛的频率。

10.13　设有静止声源 S，其频率$\nu_s = 300$(Hz），若声速$u = 300(\mathrm{m \cdot s^{-1}})$，观察者以速度$v_R = 60(\mathrm{m \cdot s^{-1}})$向右运动，反射壁以$v = 100(\mathrm{m \cdot s^{-1}})$的速度亦向右运动，试求观察者测得的拍频。

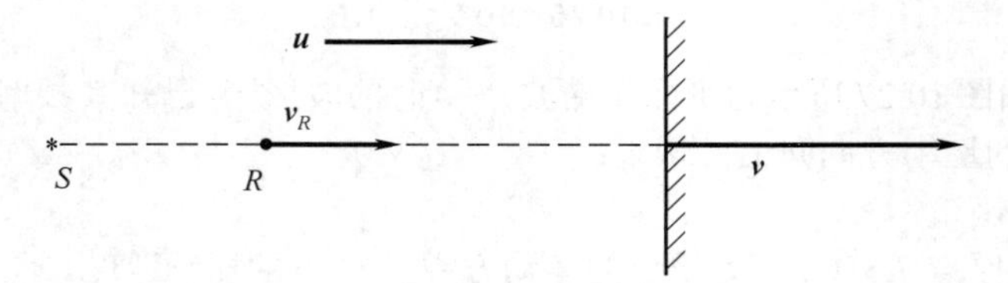

图 10.28　10.13 题用图

第 11 章　光学

光学是一门古老而又年轻，极具生命力的物理学科。早在两千年以前，我国春秋战国时代的《墨经》就记载了小孔成像等光学现象；古希腊学者欧几里德的《反射光学》一书研究了光的直线传播和光的反射；17 世纪中叶建立了以光的直线传播定律、光的反射和折射定律为主要内容的几何光学。但关于光的本质问题，直到 17 世纪下半叶才开始研究。对于光本质的认识，长期以来存在两种理论，微粒说和波动说。以牛顿（Isaac Newton，1643～1727 年）为代表的物理学家支持光的微粒说，利用微粒说不仅可以解释光的直线传播，而且可以解释光的反射和折射现象。以惠更斯为代表的物理学家支持波动说，认为光是一种波动。19 世纪初，托马斯·杨（Thomas Young，1773～1829 年）、奥古斯丁·简·菲涅耳（Augustin Jean Fresnel，1788～1827 年）等物理学家观察到光的干涉和衍射现象，同时，马吕斯（Etienne Louis Malus，1775～1812 年）发现光的偏振规律，从而证明了光是波。1865 年麦克斯韦（J.C.Maxwell，1831～1879 年）建立了电磁理论，进一步认识到光是一种电磁波。直到 20 世纪初，爱因斯坦在解释光电效应现象时指出，光既具有波动性也具有粒子性，即光具有波粒二象性，形成了对光的本质的认识。20 世纪 60 年代激光的发现，使光学的发展又获得新的活力，光学相继出现诸多分支，如激光技术、光纤光学、信息光学、非线性光学和超快光学等，光学得到了快速发展。

本章主要讨论光的波动性，介绍光的干涉、衍射和偏振等现象，以及相应的规律和应用。

11.1　光源的发光机理　光的相干性

11.1.1　光源的发光机理

任何发光物体均可称为光源，例如太阳、白炽灯、闪电、激光器等均为光源。由麦克斯韦电磁理论可知光是一种电磁波，把具有单一频率或波长的光称为**单色光**，包含有多种频率或波长的光称为**复色光**，白光就是一种复色光。实际使用的单色光均为在某频率附近极窄范围内的光，如氦氖激光。不同的光源对应不同的发光机理，普通光源的发光机理为处于激发态的原子或分子的自发辐射。处于激发态的原子不稳定，将自发从高能级激发态向低能级激发态跃迁，跃迁过程中，原子的能量减少，以电磁波的形式向外辐射形成光波，故光波能量等于原子跃迁所减少的能量。原子跃迁过程所经历的时间极短，约为10^{-9}～10^{-8}秒。在该发光时间内原子只能发出具有一定频率、一定振动方向、一定长度的光波，称为一个**波列**。对于普通光源而言，构成光源的大量的原子或分子，均各自独立发出一个个波列，且为偶然的、随机的，彼此间没有联系。这些频率不同、振动方向不同、初相位无关的波列的总和，构成了通常观测到的光波。若这样的两列光波在空间相遇叠加，尽管某一瞬时光波的叠加可能产生干涉图样，但是该干涉图样是随机的、时刻变化的，通常的探测仪器以及 CCD 相机、人的眼睛、感光胶片等均无法分辨如此不稳定的干涉现象，因而观察不到稳定的干涉图样。

11.1.2　光的相干性

满足相干条件的两列机械波相遇时将产生干涉现象。光是电磁波，与机械波一样，若满足频率相同、振动方向相同、相位差恒定的两束光波相遇时，则在光波叠加区域内形成稳定的、强弱相间的光强分布，光波的这种叠加称为相干叠加。上述三个条件称为**相干条件**，满足相干条件的光源称为**相干光源**。若两束光不满足相干条件，则在光波叠加区域，光强等于两束光光强之和，没有干涉现象产生，此时的叠加称为**非相干叠加**。

以下利用光矢量的叠加讨论光的干涉现象。实验表明，对人眼的视网膜或光学仪器引起视觉和光化学效应的是光波的电场矢量 $\boldsymbol{E}$，因此用 $\boldsymbol{E}$ 表示光波的振动，称为光矢量。

如图 11.1 所示，由单色光源 s_1、s_2 发出的两列同频率的光波在空间任意点 P 相遇，设光矢量 $\boldsymbol{E}_1$、$\boldsymbol{E}_2$ 的振动分别为：

$$E_1 = A_1 \cos\left(\omega t - \frac{2\pi}{\lambda} r_1 + \varphi_{10}\right)$$

$$E_2 = A_2 \cos\left(\omega t - \frac{2\pi}{\lambda} r_2 + \varphi_{20}\right)$$

其中 A_1、A_2 分别为光源 s_1、s_2 发出的光波在相遇点 P 处的振幅，φ_{10} 和 φ_{20} 分别为 s_1、s_2 的初相位，r_1、r_2 分别为光源 s_1、s_2 到 P 点的距离，λ 为光所在介质中的波长。

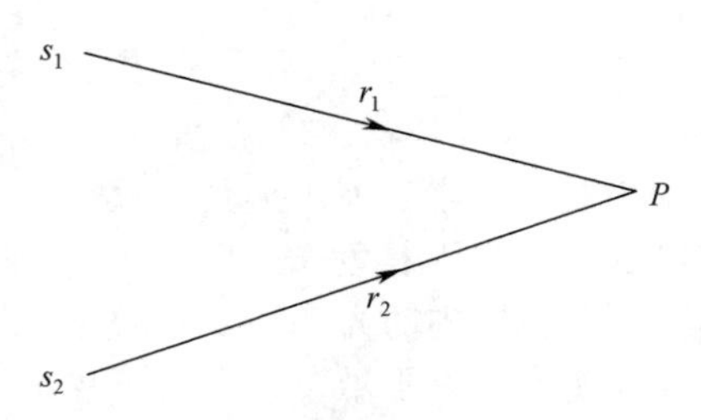

图 11.1　两束光在 P 点相遇时的叠加

两束光满足相干条件时，其光矢量的振动方向相同，由波的叠加原理可知，

在 P 点合振动的振幅为：

$$A^2 = A_1^2 + A_2^2 + 2A_1A_2\cos\left[\varphi_{20} - \varphi_{10} - \frac{2\pi}{\lambda}(r_2 - r_1)\right]$$

人的眼睛、光学仪器所能感受或检测到光的强弱，由能流密度决定。由波动理论可知，光波的平均能流密度与振幅的平方成正比，即光强 $I \propto E^2$ 。通常情况下，只关心相对光强分布，故常用振幅的平方表示光强值，即 $I = E^2$ 。两列光波在空间任意点 P 相遇时，合振动的光强为：

$$I = I_1 + I_2 + 2\sqrt{I_1I_2}\cos\left[\varphi_{20} - \varphi_{10} - \frac{2\pi}{\lambda}(r_2 - r_1)\right] \tag{11.1.1}$$

其中 $I_1 = A_1^2$ 、 $I_2 = A_2^2$ 分别为 s_1 、 s_2 发出的光波在 P 点的光强。

由于人的眼睛、感光胶片对光的响应时间分别为 $\Delta t \approx 0.1$（s）、$\Delta t \approx 0.001$（s），故在 P 点感受或检测的光强应为 I 在 Δt 内的平均值为：

$$\overline{I} = \frac{1}{\Delta t}\int_{\Delta t} I\mathrm{d}t = I_1 + I_2 + 2\sqrt{I_1I_2}\frac{1}{\Delta t}\int_{\Delta t}\cos\left[\varphi_{20} - \varphi_{10} - \frac{2\pi}{\lambda}(r_2 - r_1)\right]\mathrm{d}t \tag{11.1.2}$$

若光源 s_1 、 s_2 是两个独立发光的普通光源，由于光源中原子或分子发光的随机性和间歇性，导致在响应时间 Δt 内的初相差 $\varphi_{20} - \varphi_{10}$ 瞬息万变，且在 Δt 内经历 0 到 2π 的所有数值，从而有：

$$\int_{\Delta t}\cos\left[\varphi_{20} - \varphi_{10} - \frac{2\pi}{\lambda}(r_2 - r_1)\right]\mathrm{d}t = 0$$

因此：

$$\overline{I} = I_1 + I_2$$

上式表明两束光重合后的光强等于两束光分别照射时光强 I_1 、 I_2 之和。满足上述光强相加公式的光为非相干光，故上述光的叠加为非相干叠加。

若两束光的相位差 $\Delta\varphi = \varphi_{20} - \varphi_{10} - \dfrac{2\pi}{\lambda}(r_2 - r_1)$ 恒定，从而积分得到：

$$\frac{1}{\Delta t}\int_{\Delta t}\cos\left[\varphi_{20} - \varphi_{10} - \frac{2\pi}{\lambda}(r_2 - r_1)\right]\mathrm{d}t = \frac{1}{\Delta t}\int_{\Delta t}\cos\Delta\varphi\mathrm{d}t = \cos\Delta\varphi$$

于是：

$$\overline{I} = I_1 + I_2 + 2\sqrt{I_1I_2}\cos\Delta\varphi \tag{11.1.3}$$

可以看出，合成后的光强一般不是两束光光强的简单相加，其数值随两束光到达屏幕的相位差的不同而异，即屏幕上各点的强度重新分布。有些地方加强 $\overline{I} > I_1 + I_2$，有些地方减弱 $\overline{I} < I_1 + I_2$，在空间形成稳定的强弱分布，满足式（11.1.3）光强叠加的两束光为相干光，故上述光的叠加为相干叠加。

由式（11.1.3）可以得到：

$$\Delta\varphi = \pm 2k\pi \quad (k = 0, 1, 2, \cdots) \tag{11.1.4}$$

$$\Delta\varphi = \pm(2k+1)\pi \quad (k = 0, 1, 2, \cdots) \tag{11.1.5}$$

当两束光的相位差满足式(11.1.4),则 P 点的光强最大,为 $\overline{I}=I_1+I_2+2\sqrt{I_1I_2}$，称为干涉相长。当两束光的相位差满足式（11.1.5），则 P 点的光强最小，为 $\overline{I}=I_1+I_2-2\sqrt{I_1I_2}$，称为干涉相消。

若 $I_1=I_2$，则合成后的光强为：

$$\overline{I}=2I_1\left[1+\cos\Delta\varphi\right]=4I_1\cos^2\frac{\Delta\varphi}{2} \tag{11.1.6}$$

由上式可以看出当：$\Delta\varphi=\pm 2k\pi$（$k=0, 1, 2, \cdots$）时，$\overline{I}=4I_1$，光强最大，是单个光源光强的 4 倍；当 $\Delta\varphi=\pm(2k+1)\pi$（$k=0, 1, 2, \cdots$）时，$\overline{I}=0$，光强最小。

从上面的推导过程可以看出，式（11.1.3）是在两束光满足频率相同、振动方向相同和相位差恒定的条件下导出的，因此只有满足上述三个条件才能产生干涉现象，这是产生相干叠加的三个必要条件。

综上所述，由于分子、原子发光的随机性和独立性，其频率、振动方向和相位不可能保持恒定，故来自两个独立普通光源的光波不能满足相干条件，即使利用同一普通光源上两个不同部分为光源，也不可能得到相干光。然而利用光的反射、折射等方法，可以将同一普通光源发出的光分成两束，当这两束光在空间经不同路径而重新汇聚时就可能满足相干条件，发生干涉现象。

11.1.3 光程和光程差

光波在同一种介质传播时，波长始终不变。当光波在不同介质中传播时，光波的波长随介质的不同而改变。为了方便计算相干光在不同介质中传播相遇时的相位差，需要引入光程概念。

设频率为 ν 的单色光，在真空中传播时的波长为 λ，传播速度为 c，且 $c=\lambda\nu$。单色光的传播速度在不同介质中不同，设在折射率为 n 的介质中传播速度为 u，则有 $u=c/n$，在该介质中的波长为 $\lambda'=u/\nu=c/(n\nu)=\lambda/n$。这说明单色光在折射率为 n 的介质中传播时，其波长为其在真空中传播波长的 $1/n$ 倍。

若光在介质中传播的距离为 r，则其相位的变化为：

$$\Delta\varphi=2\pi\frac{r}{\lambda'}=2\pi\frac{nr}{\lambda} \tag{11.1.7}$$

式（11.1.7）表明单色光在折射率为 n 的介质中传播 r 距离产生的相位变化与在真空中传播 nr 产生的相位变化相同。于是把光在介质中传播的几何路程 r 与该介质折射率 n 的乘积定义为光程，即有：

$$\Delta=nr \tag{11.1.8}$$

当单色光连续经过几种不同介质时，其光程为：

$$\Delta=\sum_i n_i r_i \tag{11.1.9}$$

如图 11.2 所示，s_1、s_2 为初相位相同的两相干光源，由 s_1、s_2 出射的两束光分别经过折射率为 n_1、n_2 的介质，传播 r_1、r_2 距离后在 P 点相遇，其相位差为：

$$\Delta\varphi=\frac{2\pi r_2}{\lambda_2}-\frac{2\pi r_1}{\lambda_1}=\frac{2\pi n_2 r_2}{\lambda}-\frac{2\pi n_1 r_1}{\lambda}=\frac{2\pi}{\lambda}(n_2 r_2-n_1 r_1) \tag{11.1.10}$$

其中λ_1、λ_2和λ分别为单色光在折射率n_1、n_2的介质及真空传播的波长。式（11.1.10）表明，引入光程概念后，计算通过不同介质相干光的相位差时，可统一采用真空中的波长λ。设光程差$\delta=n_2 r_2-n_1 r_1$，式（11.1.10）可以写为：

$$\Delta\varphi=\frac{2\pi\delta}{\lambda} \tag{11.1.11}$$

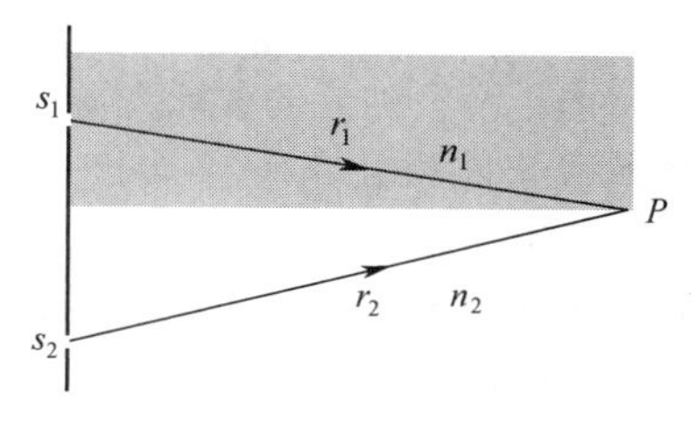

图 11.2　光程的示意图

由式（11.1.10）和式（11.1.11）得到：

$$\delta=\pm k\lambda \quad (k=0, 1, 2, \cdots) \tag{11.1.12}$$

$$\delta=\pm(2k+1)\frac{\lambda}{2} \quad (k=0, 1, 2, \cdots) \tag{11.1.13}$$

当光程差满足式（11.1.12）时，两束光在P点干涉相长，光强最大。当光程差满足式（11.1.13）时，两束光在P点干涉相消，光强最小。可见，利用光程和光程差概念，研究相干光在不同介质中传播时的干涉现象非常方便。

11.1.4　透镜的等光程性

干涉、衍射实验常用透镜汇聚平行光，以下简单介绍平行光通过透镜的等光程性。如图 11.3 所示为透镜成像光路图，由几何光学可知，在空气中平行光通过透镜后将汇聚到透镜的焦平面F点形成亮点。由波动光学的观点看同一光波面上A、B、C、D、E各点光线相位相同，到达焦平面F处依然相位相同，因干涉相长形成亮点。由此可以得到，从波面上各点到透镜的焦平面F点，各光线经过的光程相等，称为透镜的等光程性。故光通过薄透镜时，不会引起附加光程差。即：计算光程差时，不必考虑透镜的影响。

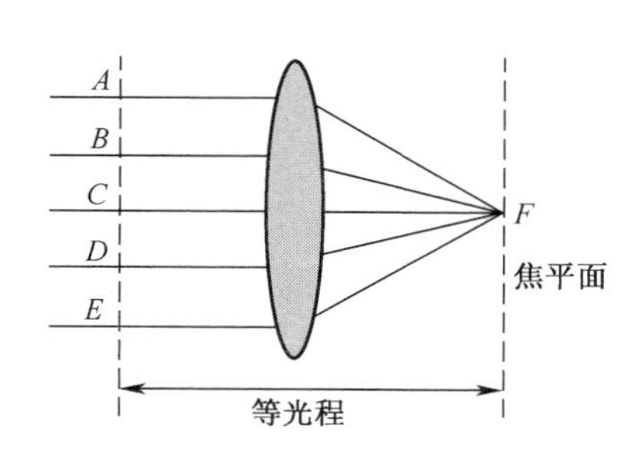

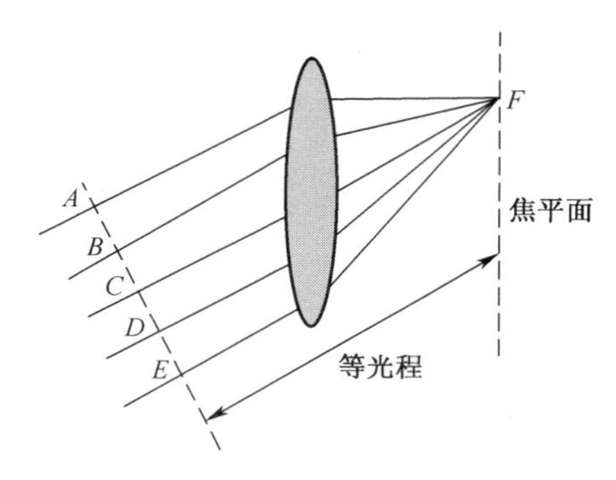

图 11.3　透镜成像光路图

11.2 分波阵面干涉

由于两个独立的普通光源或同一普通光源的不同部分发出的光不是相干光，故此类光源发出的光不会产生稳定的干涉图样。要产生稳定的干涉图样，首先要获得相干光。由普通光源同一点同一时刻发出的同一列光波的波阵面上，分离出两个子波源获得相干光的方法，称为**分波阵面法**。如图 11.4 所示为杨氏双缝干涉实验，即为应用分波阵面获得相干光的典型实例。

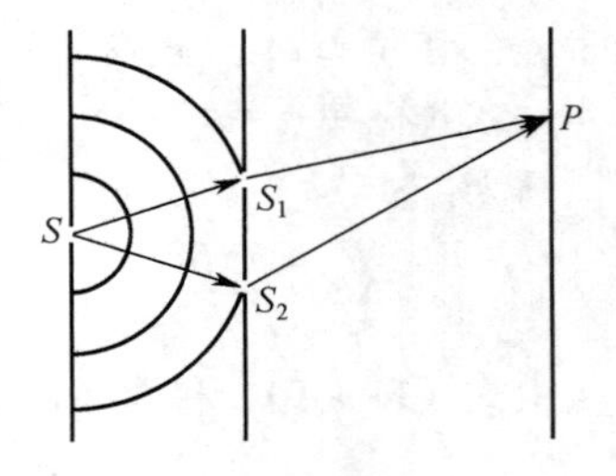

图 11.4 分波阵面法获得相干光

11.2.1 杨氏双缝干涉

英国物理学家托马斯·杨于 1801 年首次利用单一光源形成两束相干光，观测到稳定的干涉图样。同年托马斯·杨由实验测得光波波长，这是人类历史上第一次由实验测得光的波长，为精确测定光波波长提供了一种科学方法。托马斯·杨兴趣广泛，博学多艺，是一位将科学和艺术并列研究、对生活充满热情的天才。

杨氏双缝实验装置如图 11.5（a）所示，光源发出的单色光照射到单缝 S 上，故单缝 S 可视为缝光源，在 S 的前面放置两个相距较近的双缝 S_1、S_2，并且 S 到 S_1、S_2 的距离相等。由惠更斯原理知，S_1、S_2 是由同一光源 S 形成的、满足相干条件的两个缝光源，故 S_1、S_2 发出的光为相干光，在空间相遇将产生干涉现象。若在 S_1、S_2 前面放置屏幕，即可观察到明、暗相间的干涉条纹，如图 11.5（b）所示。设如图 11.6 所示，S_1、S_2 两缝相距为 d，E 为屏幕，距离双缝为 D，O 为 S_1、S_2 的中垂线与 E 的交点，P 为 E 上距离 O 为 x 的点，r_1、r_2 分别为 S_1、S_2 到 P 点的距离，由 S_1、S_2 发出的光在 P 点相遇的光程差、相位差分别为：

$$\delta = r_2 - r_1$$

$$\Delta\varphi = 2\pi\frac{\delta}{\lambda}$$

由于 θ 较小，且 $d \ll D$，由 $S_1B \perp S_2P$，可得光程差为：

$$\delta = r_2 - r_1 \approx S_2B = d\sin\theta \approx d\tan\theta = d\frac{x}{D} \tag{11.2.1}$$

因此，当光程差满足 $\delta = \pm k\lambda$（$k = 0, 1, 2, \cdots$）时，两束光干涉相长，P 点为明纹，即有：

$$d\frac{x}{D} = \pm k\lambda \tag{11.2.2}$$

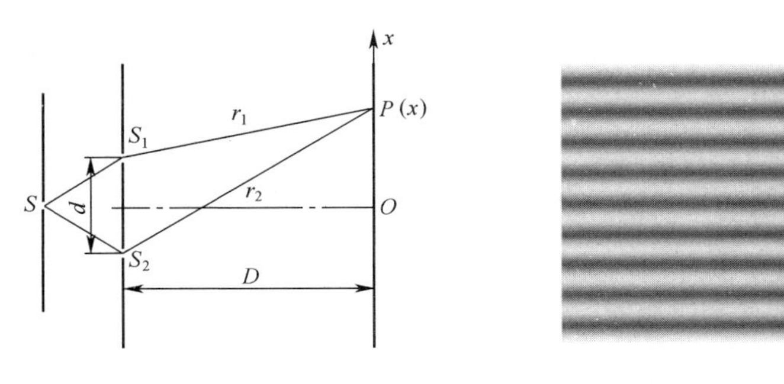

（a）实验装置示意图　　　　（b）实验干涉图样

图 11.5　杨氏双缝实验

明纹中心位置为：

$$x = \pm k\frac{D\lambda}{d}\ (k = 0, 1, 2, \cdots) \tag{11.2.3}$$

其中 $k = 0$ 对应 O 点，为中央明纹，$k = 1, 2, \cdots$ 依次为一级明纹、二级明纹……，各级明纹相对中央明纹对称分布，相邻明纹间距为：

$$\Delta x = x_{k+1} - x_k = (k+1)\frac{D\lambda}{d} - k\frac{D\lambda}{d} = \frac{D\lambda}{d} \tag{11.2.4}$$

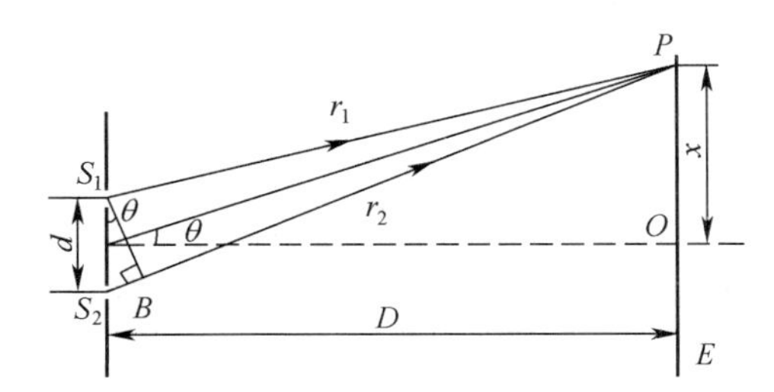

图 11.6　杨氏双缝实验干涉条纹的计算

由式（11.2.4）可知，各级明纹等间距分布。当光程差满足 $\delta = \pm(2k+1)\frac{\lambda}{2}$ 时，两束光干涉相消，P 为暗纹，即有：

$$d\frac{x}{D} = \pm(2k+1)\frac{\lambda}{2} \tag{11.2.5}$$

暗纹中心位置为：

$$x = \pm(2k+1)\frac{D\lambda}{2d}\quad (k = 0, 1, 2, \cdots) \tag{11.2.6}$$

暗纹相对 O 点对称分布，相邻暗纹间距为：

$$\Delta x = x_{k+1} - x_k = [2(k+1)+1]\frac{D\lambda}{2d} - (2k+1)\frac{D\lambda}{2d} = \frac{D\lambda}{d} \tag{11.2.7}$$

由式（11.2.7）可知，各级暗纹也等间距分布，并且相邻明纹、相邻暗纹间距相等。

由式（11.2.3）～（11.2.7）可知，若波长不同，各级条纹的位置也不同，相邻明纹暗纹间距也随波长的增大而变大。因此，若用白光照射双缝时，除中央明纹是白色外，由于不同波长明纹位置不重合，故其他各级明纹均为彩色条纹。另外，由（11.2.7）式可以得到相邻明纹和相邻暗纹间距 Δx 与入射光波长 λ 成正比。

例题 11.2.1 以单色光照射到相距为 0.2（mm）的双缝上，双缝与屏幕的垂直距离为 1m。（1）若第一级明纹到同侧第四级明纹距离为 7.5（mm），试求入射光的波长；（2）若入射光波长为 600（nm），试求相邻明纹间距。

解：（1）由双缝干涉明纹条件

$$x = \pm k\frac{D\lambda}{d}$$

可得：

$$x_4 - x_1 = \frac{4D\lambda}{d} - \frac{D\lambda}{d} = \frac{3D\lambda}{d}$$

于是有：$\lambda = \dfrac{d}{3D}(x_4 - x_1) = \dfrac{0.2\times10^{-3}}{3\times1}\times7.5\times10^{-3} = 5\times10^{-7}(\text{m}) = 500(\text{nm})$。

（2）当 $\lambda = 600(\text{nm})$ 时相邻明纹间距为：

$$\Delta x = \frac{D\lambda}{d} = \frac{1\times600\times10^{-9}}{0.2\times10^{-3}} = 3\times10^{-3}(\text{m}) = 3(\text{mm})$$

11.2.2 劳埃德镜

如图 11.7 所示，M 为反射镜，由狭缝 S_1 发出的光，部分直接射向屏幕 P，另一部分掠射到反射镜 M，反射后到达屏幕。反射光可看成由虚光源 S_2 发出，故 S_1、S_2 构成一对相干光源，图中阴影部分表示干涉叠加区域。于是屏幕上可以观察到明、暗相间的干涉条纹。如同杨氏干涉，劳埃德镜干涉也属于分波阵面干涉。

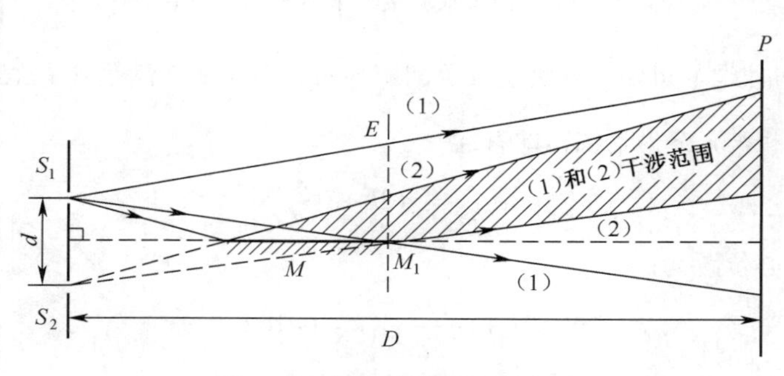

图 11.7　劳埃德镜实验光路图

若将屏幕置于镜面相接触 E 的位置，由于 S_1、S_2 发出光的光程相等，交点 M_1 处应出现明纹，但实验发现 M_1 处是暗纹，这表明直接入射到屏幕上的光与由镜面反射的光在M_1处相位相反，两光束干涉相消。直接入射到M_1处的光不可能有相位跃变，所以只能是经镜面反射的光有相位跃变π，相当于光波多走了半个波长，故该现象称为**半波损失**。

进一步实验表明，光由光速较大的光疏介质射向光速较小的光密介质时，或从折射率较小的光疏介质射向折射率较大的光密介质时，反射光的相位较之入射光出现π的相位跃变。因此，在处理干涉问题时，对于光在不同介质的界面反射时，应注意考虑半波损失。

11.3 分振幅干涉

11.3.1 薄膜干涉

在日光照射下，肥皂泡的表面呈现绚丽多彩的花纹，类似的还有鸟的羽毛的色彩、蝴蝶的斑斓等，这是一种常见的干涉现象，称之为**薄膜干涉**。其中薄膜是指透明介质形成的厚度较薄的介质膜。

设有如图 11.8（b）所示折射率为n的透明薄膜，处于折射率为n_1的均匀介质中，若$n > n_1$，膜厚为d，由光源S发出的光线以入射角i射到薄膜A点，分为反射光（1）和折射光（3），折射光在薄膜的下表面B处反射经C折射到介质n_1中为光线（2）。由几何光学可知，光线（1）、（2）平行，经透镜L汇聚于P点。光线（1）、（2）为相干光，可以产生干涉现象。这种一束光经薄膜两表面反射和折射分开，再相遇而产生的干涉称为薄膜干涉。因为光线（1）、（2）各占入射光的一部分，故称为**分振幅干涉**。

把同一列波通过反射或折射分为两束相干光的方法称为**分振幅法**，如图 11.8（a）所示为薄膜干涉实验，即为应用分振幅法产生干涉的典型实验。

设$NC \perp AN$，由图 11.8（b）可知，从N到P与C到P的光程相同，A点之前也为等光程，故光线（1）、（2）的光程差为：

$$\delta = n(AB + BC) - n_1 AN$$

由几何光学可得：

$$AB = BC$$

故：

$$\begin{aligned}\delta &= 2nAB - n_1 AN = 2n\frac{d}{\cos r} - n_1 AC\sin i \\ &= 2n\frac{d}{\cos r} - n_1 2d\tan r\sin i = \frac{2d}{\cos r}(n - n_1\sin r\sin i)\end{aligned} \tag{11.3.1}$$

由折射定律$n\sin r = n_1\sin i$可得：

$$\delta = \frac{2d}{\cos r}(n - n\sin^2 r) = 2nd\cos r = 2d\sqrt{n^2 - n_1^2\sin^2 i} \tag{11.3.2}$$

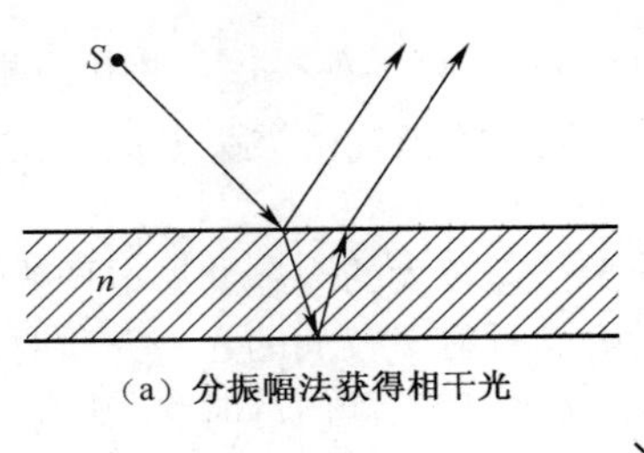

（a）分振幅法获得相干光

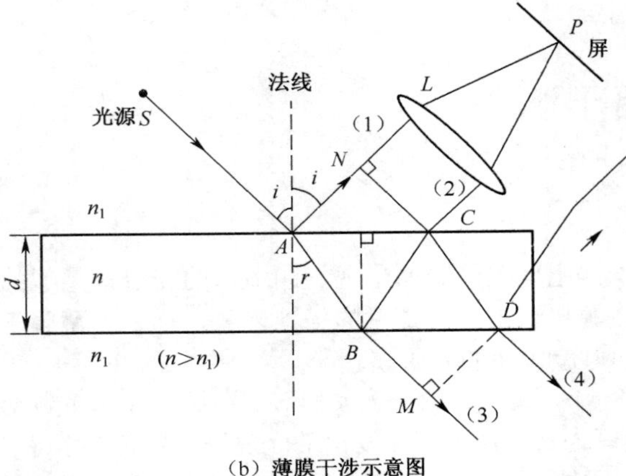

（b）薄膜干涉示意图

图 11.8

由于两介质的折射率不同，还必须考虑光在界面反射时有无相位跃变π以及因此而引起的附加光程差，此处（1）光线在 A 点反射时有相位跃变π，（2）光线在 B 点反射时，无相位跃变π，故此处存在附加光程差$\dfrac{\lambda}{2}$，于是两束反射光的总光程差为：

$$\delta_{反} = 2d\sqrt{n^2 - n_1^2 \sin^2 i} + \lambda/2 \tag{11.3.3}$$

于是干涉条件为：

$$\delta_{反} = 2d\sqrt{n^2 - n_1^2 \sin^2 i} + \frac{\lambda}{2} = \begin{cases} k\lambda & (k=1,2,\cdots)\ 加强 \\ (2k+1)\dfrac{\lambda}{2} & (k=0,1,2,\cdots)\ 减弱 \end{cases} \tag{11.3.4}$$

当光垂直入射时由（11.3.4）得：

$$\delta_{反} = 2nd + \frac{\lambda}{2} = \begin{cases} k\lambda & (k=1,2,\cdots)\ 加强 \\ (2k+1)\dfrac{\lambda}{2} & (k=0,1,2,\cdots)\ 减弱 \end{cases} \tag{11.3.5}$$

透射光（3）、（4）也产生干涉现象，如图 11.8 所示，光线（3）由光源直接折射，光线（4）通过 B 点、C 点两次反射后折射，光线（3）、（4）满足相干条件，此处（3）、（4）光线均无相位跃变，故不存在附加光程差，两者的总光程差为：

$$\delta_{透} = 2d\sqrt{n^2 - n_1^2 \sin^2 i} \tag{11.3.6}$$

式（11.3.6）与式（11.3.3）相比较，透射光、反射光的光程差相差$\lambda/2$，即当反射光干涉减弱时，透射光干涉加强。当入射光为复色光时，则为彩色干涉条纹，阳光下肥皂泡呈现绚丽多彩的颜色正是薄膜干涉的结果。

11.3.2 增透膜与增反膜及其应用

应用薄膜干涉可以提高或降低光学器件的透射率。由于光在两种介质的分界面上发生反射，因而透射光的强度相应减小。例如在照相机镜头或其他光路比较复杂的光学系统中，光因多次镜面反射而损失严重，直接影响到成像的质量。为了减少入射光在透镜玻璃表面上反射所引起的损失，常在透镜的表面镀一层增透膜。如图 11.9 所示，若在玻璃表面镀一层厚度为d的氟化镁（MgF_2）薄膜，其折射率为$n_2=1.38$，比玻璃的折射率小，比空气的折射率大，所以在氟化镁薄膜上下两界面的反射光（2）、（3）都具有π的相位跃变，从而不必考虑附加半波损失。反射光线（2）、（3）光程差为$\Delta = 2n_2d$。若镀膜厚度合适，就可以使某种单色光在透明薄膜的两个表面的反射光相互干涉而相消。由能量守恒定律，反射光减少，透射光就增强。这种能减少反射光而增加透射光强度的薄膜，称为增透膜。需要注意的是，单层膜只对某一特定波长的光波增透，而利用多层膜则可以实现多波长的增透。照相机的镜头表面镀有增透膜，就是为了减少反射光的强度，从而增加透射光的强度，达到光学系统成像更清晰的目的。

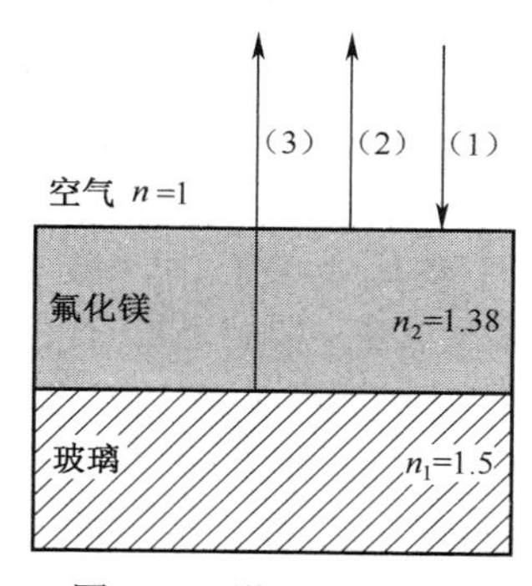

图 11.9 增透膜示意图

同理，在光学器件的透光表面镀上一层或多层薄膜，只要适当选择薄膜材料及其厚度，也可以使反射率大大增加，使透射率相应减小，这种薄膜称为增反膜。例如为了增加光的反射用于汽车玻璃的贴膜，由于增反膜降低了透光率，可以起到保护个人隐私、减少车内物品及人员因紫外线照射造成损伤的作用。镀有硫化锌增反膜的太阳镜，可使黄色反射光增强，达到烈日情况下护眼的目的。用于激光器的镀有增反膜的高反镜，对特定波长光的反射率可达 99%以上。宇航员的头盔、面甲的表面镀有增反膜，目的是减弱红外线对人体的伤害。

例题 11.3.1 设白光垂直照射置于空气中厚度为 380（nm）的肥皂水膜，如图

11.10 所示，已知肥皂水的折射率为 1.33。试问：

（1）肥皂水膜正面呈现何种颜色？

（2）肥皂水膜背面又呈现何种颜色？

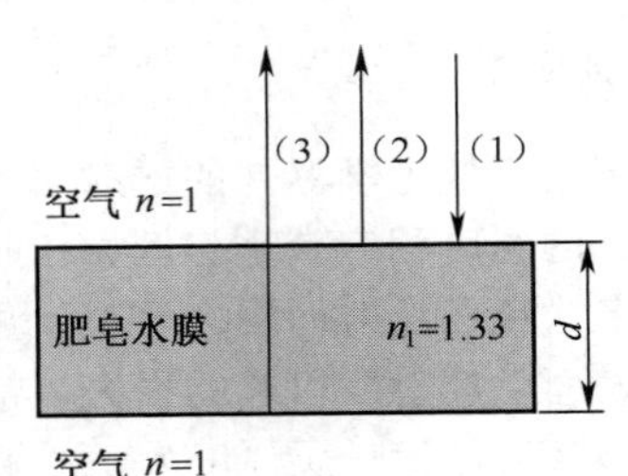

图 11.10　空气中的肥皂水膜

解：（1）由题意知入射角 $i=0$，对于肥皂水膜正面，光线（2）、（3）的光程差为：

$$\delta = 2n_1 d + \frac{\lambda}{2}$$

若反射光干涉加强，则有：

$$2n_1 d + \frac{\lambda}{2} = k\lambda \quad (k=1, 2, \cdots)$$

$$\lambda = \frac{2n_1 d}{k-1/2} = \frac{2\times 1.33\times 380}{k-1/2} \quad (k=1, 2, \cdots)$$

故 $k=1 \Rightarrow \lambda_1 = 2021.6(\text{nm})$，$k=2 \Rightarrow \lambda_2 = 673.9(\text{nm})$，$k=3 \Rightarrow \lambda_3 = 404.3(\text{nm})$，$k=4 \Rightarrow \lambda_4 = 288.8(\text{nm})$。

因为可见光范围为 400～760(nm)，故反射光中的可见光 $\lambda_2 = 673.9(\text{nm})$ 的红光、$\lambda_3 = 404.3(\text{nm})$ 的紫光得到加强，即肥皂膜的正面呈现紫红色。

（2）若使其透射光加强，由能量守恒定律知，反射光减弱，即反射光满足干涉相消条件，故有：

$$2n_1 d + \frac{\lambda}{2} = (2k+1)\frac{\lambda}{2} \quad (k=1, 2, \cdots)$$

即有：

$$2n_1 d = k\lambda \quad (k=1, 2, \cdots)$$

$$\lambda = \frac{2n_1 d}{k} = \frac{10108}{k}(\text{nm})$$

故 $k=1 \Rightarrow \lambda_1 = 1010.8(\text{nm})$，$k=2 \Rightarrow \lambda_2 = 505.4(\text{nm})$，$k=3 \Rightarrow \lambda_3 = 336.9(\text{nm})$。

于是有结论，在可见光范围内透射光 $\lambda_2 = 505.4(\text{nm})$ 的绿光干涉加强，即膜背面呈现绿色。

例题 11.3.2　在玻璃表面上镀有 MgF_2 薄膜可减少玻璃表面的反射。已知 MgF_2 的折射率为 1.38，玻璃的折射率为 1.60。若波长为 500(nm) 的光从空气中垂直入射到薄膜上，为了实现反射最少，薄膜的最小厚度应为多少？

解：由题意可得反射光光程差为：

$$\delta = 2n_1 d$$

当反射光干涉减弱时反射最小，有：

$$2n_1 d = (2k+1)\lambda/2 \quad （k=0，1，2，\cdots）$$

$$d = \frac{(2k+1)\lambda}{4n_1} \quad （k=0，1，2，\cdots）$$

取 $k=0$，得 $d_{\min} = \frac{500}{4\times1.38} = 90.6(\text{nm})$。

11.3.3 劈尖及其应用

以下将讨论同属于薄膜干涉的劈尖干涉及其应用。如图 11.11 所示的两块平板玻璃，其一端互相接触，另一端夹一薄纸片或者细丝，形成劈尖空气薄膜，简称劈尖。两平板玻璃的交线称为棱边。劈尖干涉实验装置如图 11.12（a）所示，由单色光源 S 发出的平行光经镀有半透半反膜的分光板 M 反射垂直入射到劈尖 W 上，在劈尖上界面形成干涉条纹，借助读数显微镜 T 可观察到干涉图样如图 11.12（b）所示，为平行于棱边的明暗相间的等间距直条纹。

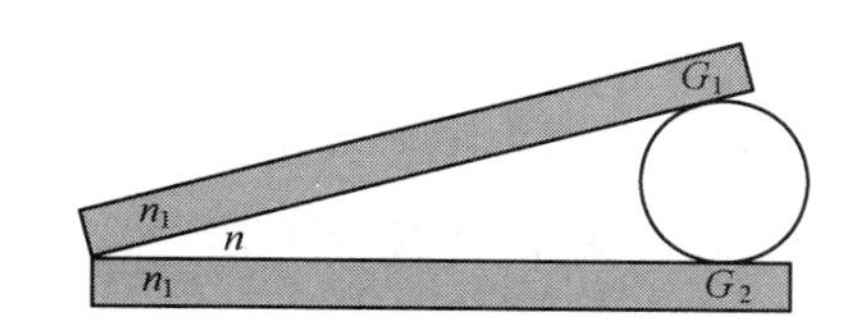

图 11.11　劈尖示意图

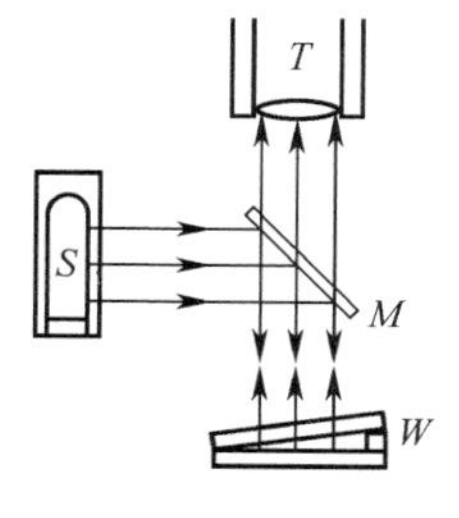

（a）劈尖干涉实验装置

（b）劈尖干涉图样

图 11.12　劈尖干涉实验装置示意图

当单色平行光垂直入射劈尖时，因劈尖的夹角 θ 较小，其上下两界面近似平行，故光线也近似垂直于上下界面，上下界面的反射光线为相干光。如图 11.13 所示，设劈尖某处的厚度为 d，细丝直径为 D，由于反射光在空气劈尖的上界面没有半波损失，而在下界面存在半波损失，故由劈尖上下界面反射的两相干光存在附加光程差$\lambda/2$，即有：

$$\delta = 2nd + \frac{\lambda}{2} \tag{11.3.7}$$

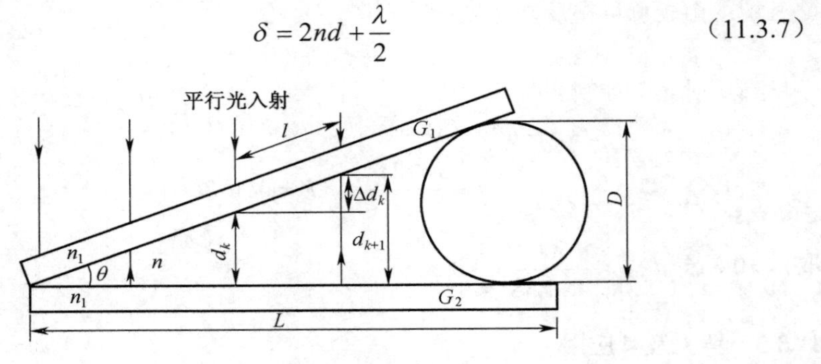

图 11.13　劈尖干涉光路图

得到空气劈尖的干涉条件为：

$$\delta = 2nd + \frac{\lambda}{2} = \begin{cases} k\lambda \quad (k = 1, 2, \cdots) & \text{（明纹）} \\ (2k+1)\dfrac{\lambda}{2} \quad (k = 0, 1, 2, \cdots) & \text{（暗纹）} \end{cases} \tag{11.3.8}$$

由式（11.3.8）可以看出，劈尖厚度相同处的光程差相同，因此劈尖干涉条纹是一系列平行于劈尖棱边的明暗相间的直条纹。这种与劈尖厚度相对应的干涉条纹称为等厚干涉条纹。而在两平板玻璃相接触处d=0，由式（11.3.8）得到光程差为$\lambda/2$，故棱边处应为暗条纹，与实验结果相符。

由式（11.3.8）可以求得，两相邻明纹、两相暗纹对应的薄膜厚度差均为$\dfrac{\lambda_n}{2}$，其中λ_n为光在劈尖薄膜中传播时的波长，即有：

$$d_{k+1} - d_k = \frac{\lambda_n}{2} \tag{11.3.9}$$

由图 11.13 的几何关系，可以得到两相邻明纹、两相邻暗纹的间距为：

$$l\sin\theta = \frac{\lambda_n}{2} \tag{11.3.10}$$

$$l = \frac{\lambda_n}{2\sin\theta} \tag{11.3.11}$$

可以看出，劈尖的夹角θ越小，条纹分布越疏，θ越大条纹分布越密。若取近似则有：

$$\theta \approx \sin\theta \approx \frac{D}{L} = \frac{\lambda_n}{2l} \tag{11.3.12}$$

$$D = \frac{\lambda_n L}{2l} = \frac{\lambda L}{2nl} \tag{11.3.13}$$

由式（11.3.13）可以看出，若已知光在真空中的波长λ、折射率n、条纹间距l和劈尖长度L，就可以计算出细丝直径D。反之若已知光在真空中的波长λ，细

丝直径 D，条纹间距 l 和劈尖长度 L，就可以计算出空气劈尖的折射率 n。因此，应用劈尖干涉实验装置，可以达到精确测量细丝直径或介质折射率的目的。

例题 11.3.3 应用劈尖法测量细丝直径。为了测量细丝直径 D，首先将该细丝与两平板玻璃构成空气劈尖，如图 11.14 所示，利用波长 $\lambda = 589.3(\text{nm})$ 的单色光为光源，形成劈尖干涉条纹，设由读数显微镜测出 30 条干涉明条纹的间距为 5.295（mm），已知劈尖的长度为 $L =$ 30.550（mm），试求细丝的直径 D。

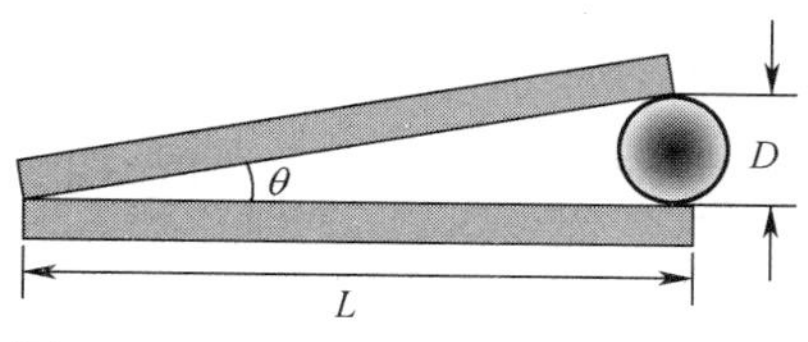

图 11.14 应用劈尖干涉测量细丝直径

解：由式（11.3.13）得

$$D = \frac{\lambda L}{2nl} = \frac{589.3\times10^{-9}\times30.550\times10^{-3}}{2\times1\times5.295/29\times10^{-3}} = 4.93\times10^{-5}(\text{m})$$

应用劈尖干涉原理，还可以检测精密加工工件表面的平整度。如图 11.15（a）所示，把标准平板玻璃放到待测工件表面上，工件的一端与平板玻璃接触。另一端用薄纸片垫起，形成空气劈尖。用单色光垂直照射，应用显微镜就可以观测到干涉条纹。若工件表面平整，空气劈尖的厚度变化是均匀的，则干涉条纹是一组平行于棱边的直线，如图 11.15（b）所示。若工件表面不平整，就会观察到弯曲的干涉条纹，若条纹向靠近劈尖顶角一侧弯曲，如图 11.15（c）所示，说明工件表面在该处有凹陷。若条纹向远离劈尖顶角一侧弯曲，如图 11.15（d）所示，说明工件表面在该处有凸起。该方法易于操作，是工件表面平整度常用的检测方法。

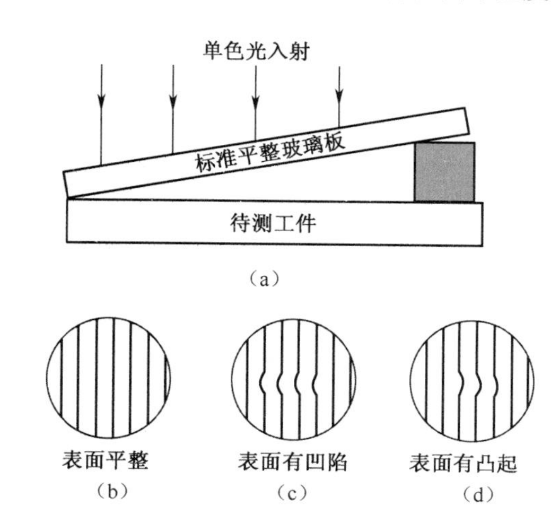

图 11.15 利用劈尖干涉检查工件表面平整度

还可应用劈尖干涉制作测量固体材料线膨胀系数的干涉膨胀仪。如图 11.16 所示，A 为平板玻璃，边框 B 采用热膨胀系数较小的材料制作。框内放置待测样品 C，其上表面研磨成斜面，与 A 的下表面形成空气劈尖。用波长为 λ 的单色光垂直照射劈尖，产生等厚干涉条纹。当温度升高时，待测样品的高度会增加，空气劈尖的厚度相应减小，干涉条纹将发生平移。在温度升高的过程中，通过观察视场中某一刻线上移动通过的条纹数目，可以得到待测样品增加的高度，从而计算出待测材料的线膨胀系数。

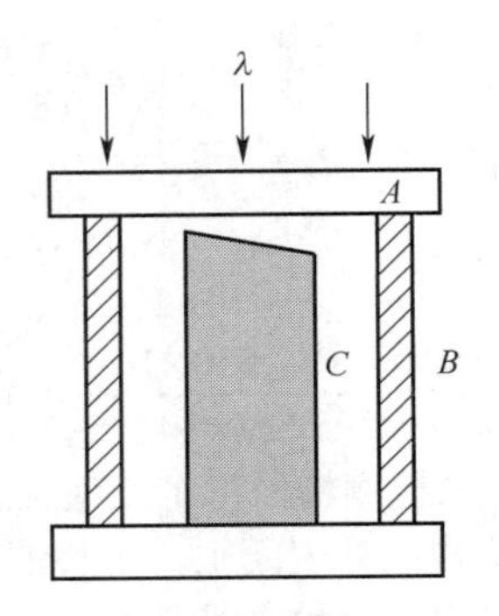

图 11.16　干涉膨胀仪示意图

11.3.4　牛顿环及其应用

如图 11.17（a）所示，将一个曲率半径较大的平凸透镜放在平板玻璃上，O 点为接触点。于是透镜的凸面与平板玻璃上表面之间形成空气薄膜，该薄膜的厚度从 O 点向外逐渐增大，以 O 点为中心的任一圆周上各点处的空气薄膜的厚度均相等。单色光源 S 发出的光，经半透半反镜 M 反射后，垂直射向空气薄膜并在其上下表面反射，由显微镜 T 便可观察到如图 11.17（b）所示的牛顿环干涉条纹。由于空气薄膜的等厚轨迹是以 O 为圆心的一系列同心圆，故干涉条纹也是明暗相间的同心圆环，因其最早由牛顿观察到，故称为牛顿环。由于光在空气薄膜下表面反射时有 π 的相位跃变，故由显微镜观察牛顿环的中心 O 为一暗斑。

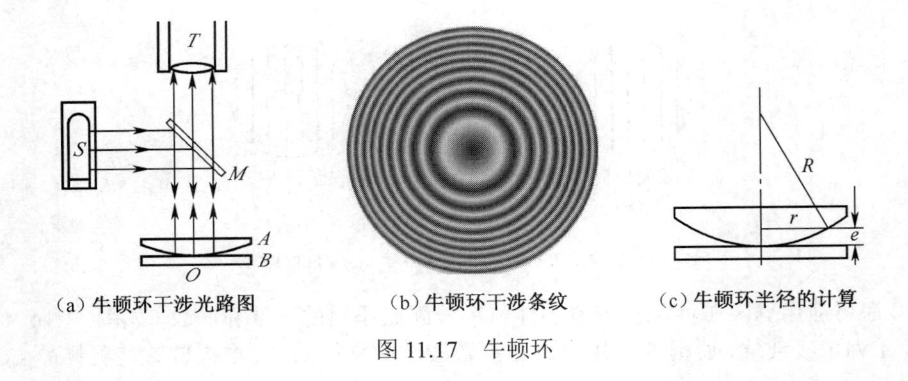

（a）牛顿环干涉光路图　（b）牛顿环干涉条纹　（c）牛顿环半径的计算

图 11.17　牛顿环

设空气薄膜某处厚度为e，薄膜上下表面反射光线的光程差为：

$$\delta = 2e + \frac{\lambda}{2} \tag{11.3.14}$$

牛顿环的干涉条件为：

$$\delta = 2e + \frac{\lambda}{2} = \begin{cases} k\lambda \quad (k = 1, 2, \cdots) & \text{（明纹）} \\ (2k+1)\dfrac{\lambda}{2} \quad (k = 0, 1, 2, \cdots) & \text{（暗纹）} \end{cases} \tag{11.3.15}$$

以下计算牛顿环半径r与光波波长λ以及平凸透镜曲率半径R之间的关系。设半径为r的环形条纹所对应的空气薄膜厚度为e，由图 11.17（c）所示几何关系得

$$R^2 = r^2 + (R-e)^2 = r^2 + R^2 - 2eR + e^2 \tag{11.3.16}$$

因为$e \ll R$，故e^2可以忽略，于是得到：

$$r = \sqrt{2eR} = \sqrt{\left(\delta - \frac{\lambda}{2}\right)R} \tag{11.3.17}$$

联立式（11.3.15）与式（11.3.17）可以得到明、暗条纹的半径分别为：

$$r = \sqrt{\left(k - \frac{1}{2}\right)R\lambda} \quad (k = 1, 2, \cdots) \tag{11.3.18}$$

$$r = \sqrt{kR\lambda} \quad (k = 0, 1, 2, \cdots) \tag{11.3.19}$$

由明、暗条纹半径表达式可以看出，随着k的增大，半径r越来越大，相邻条纹间距越来越小，从里到外越来越密，故牛顿环干涉条纹分布不均匀。

牛顿环干涉常应用于光学器件的检测，例如与标准件干涉条纹的对比，可检测透镜加工精度，应用牛顿环干涉还可以测量平凸透镜的曲率半径。

例题 11.3.4 在空气中，用波长为632.8(nm)的单色光垂直入射干涉装置，测得牛顿环第k个暗环半径为5.41(mm)，第$k+5$个暗环半径为7.82(mm)，试求平凸透镜的曲率半径R。

解：由式（11.3.19）得牛顿环第k个暗环半径为：

$$r_k = \sqrt{kR\lambda}$$

于是第$k+5$个暗环半径为：

$$r_{k+5} = \sqrt{(k+5)R\lambda}$$

故可得平凸透镜的半径为：

$$R = \frac{r_{k+5}^2 - r_k^2}{5\lambda} = \frac{(7.82^2 - 5.41^2) \times 10^{-6}}{5 \times 632.8 \times 10^{-9}} = 10.0772(\text{m})$$

11.3.5 迈克尔逊干涉仪

迈克尔逊干涉仪是美国物理学家迈克尔逊（Michelson，1852～1931 年）于 1881 年为精确测量光速，利用分振幅法产生双光束干涉设计研制的精密光学测量仪器。1887 年迈克尔逊和莫雷（Morley，1838～1923 年）利用该仪器完成了地球相对于

“以太”绝对运动的测量。实验结果否定了“以太”的存在，表明光速不依赖于观察者所在参考系，为相对论提供了实验基础。迈克尔逊干涉仪设计精巧，是近代精密仪器之一，也是许多近代干涉仪的原型，后人将该干涉仪的基本原理应用到诸多领域，研制出多种形式的干涉仪，如泰曼干涉仪、傅里叶干涉分光计等，为科学研究作出了贡献。迈克尔逊因研制该干涉仪及光速的测量于 1907 年成为美国获得诺贝尔物理学奖的第一人。

迈克尔逊干涉仪的结构如图 11.18 所示，M_1 和 M_2 为两块平面反射镜，分别安装在相互垂直的两个臂上，其中 M_1 固定，M_2 由螺旋测微计控制，可在轨道上做前后微小移动。G_1 和 G_2 是两块材料相同、厚度相等的平板玻璃片，均与两臂倾斜 45°，其中 G_1 的下表面镀有半透半反膜，其作用是使照射在 G_1 上的光一半反射一半透射，故称 G_1 为分光板。

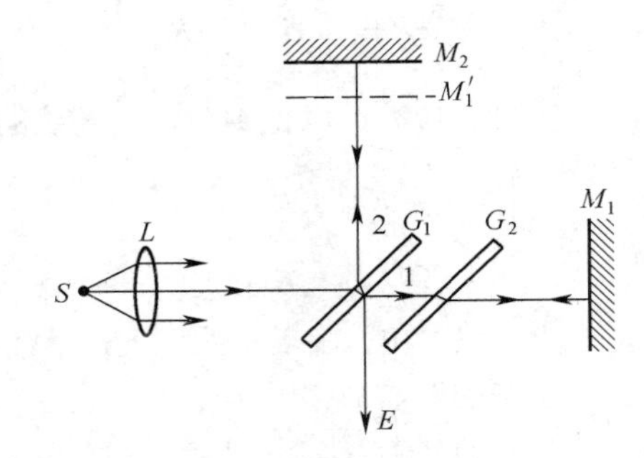

图 11.18　迈克尔逊干涉仪示意图

来自光源 S 的光线穿过透镜 L，以平行光射向 G_1，分为光束 1、2。透射光束 1 被 M_1 反射后经 G_1 反射后入射到 E，反射光束 2 被 M_2 反射后经 G_1 透射后也入射到 E。光束 1、2 为相干光，于是在 E 处可以观测到干涉条纹。平板玻璃片 G_2 起补偿光程的作用，保证光线 1、2 经过平板玻璃片的光程相等，故称其为补偿板。

M_1' 是 M_1 关于 G_1 的虚像，M_1 反射的光线可看作由 M_1' 反射，因此迈克尔逊干涉为薄膜干涉。若 M_1 和 M_2 严格垂直，则 M_1' 与 M_2 严格平行，M_1' 与 M_2 之间的虚空气膜相当于平行薄膜，可观察到等倾干涉条纹，如图 11.19（a）所示。若 M_1 和 M_2 不严格垂直，则 M_1' 与 M_2 不平行，M_1' 与 M_2 之间形成虚空气劈尖，此时干涉条纹的形状与 M_1、M_2 的相对位置及方向有关，可观察到明暗相间、准平行的等厚干涉条纹，如图 11.19（b）所示。

通过调节 M_2 的位置，可以改变 M_1、M_2 之间虚空气膜的厚度。设入射光的波长为 λ，观察视场中某一位置，当观察到干涉条纹平移过一条时，光程差的变化为 λ。相当于 M_2 向前或向后移动 $\lambda/2$；当观察到干涉条纹平移过 N 条时，光程差的变化为 $N\lambda$，相当于 M_2 向前或向后移动 $N\lambda/2$。故 M_2 移动的距离 d 与条纹移动的数目 N 之间的关系为：

$$d = N\frac{\lambda}{2} \tag{11.3.20}$$

（a）M_1、M_2 垂直时形成的等倾干涉条纹

（b）M_1、M_2 不垂直时形成的等厚干涉条纹

图 11.19　迈克尔逊干涉仪干涉条纹

应用迈克尔逊干涉仪不仅可以观察各种干涉现象，还可以测量光波波长、微小长度、微小角度以及介质的折射率等。

例题 11.3.5　以波长为 $\lambda = 589.3$(nm)的钠光灯作为光源，在迈克尔逊干涉仪的一个臂上，放置长度为 120（mm）的真空玻璃容器。当有某种气体充入容器时，观察到干涉条纹移动了 150 条。试求该气体的折射率 n 。

解：设玻璃容器的长度为 l ，当待测气体充入容器时，光程差的改变量为 $2(n-1)l$ 。由于光程差变化 λ 干涉条纹移过一个，故有：

$$2(n-1)l = N\lambda$$

于是该气体的折射率为：

$$n = \frac{N\lambda}{2l} + 1 = \frac{150 \times 589.3 \times 10^{-9}}{2 \times 120 \times 10^{-3}} + 1 = 1.00037$$

11.4　光的衍射

11.4.1　光的衍射现象

波的衍射是指在其传播路径上绕过障碍物的边缘而进入阴影内传播的现象。作为电磁波，光波也能产生衍射现象。

水波和声波的衍射现象，在日常生活中比较容易观察到。但光的衍射现象却不常见，这主要是因为光波的波长较短。若障碍物的尺寸与光的波长同数量级时，就会看到光的衍射现象。例如一束平行光通过狭缝 K，如图 11.20（a）所示，当缝宽比波长大得多时，屏幕 P 上的光带 E 和狭缝形状几乎完全相同，这时光可视为直线传播。若缝宽缩小到光波波长的数量级，则屏幕上就会出现明暗相间的条纹，其范围超过了光直线传播所能达到的区域，这就是图 11.20（b）所示光波的衍射现象。

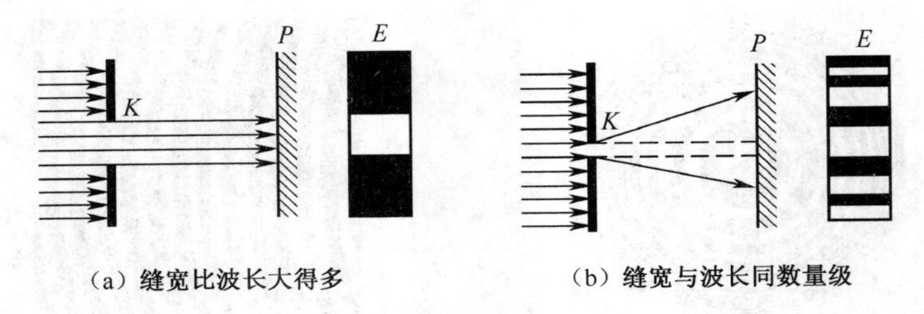

图 11.20　光透过狭缝的衍射现象

11.4.2　惠更斯-菲涅耳原理

惠更斯指出：波在介质中传播到的各点，均可以看作发射子波的波源，其后任意时刻这些子波的包络就是对应时刻的波阵面。该原理定性说明了光波传播方向的改变即衍射现象，但不能解释衍射波在空间各点的强度分布。法国物理学家菲涅耳对惠更斯原理做了补充，从而形成惠更斯-菲涅耳原理：从同一波阵面上各点发出的子波同时传播到空间某一点时，各子波间也可以相互迭加而产生干涉。

惠更斯-菲涅耳原理是波动光学的基本原理，是分析和处理衍射问题的理论基础。根据该原理，衍射现象出现的明、暗纹是由于从同一波阵面上发出的子波产生的干涉结果。若已知光波在某一时刻的波阵面，就可以计算下一时刻光波传到的点的振动情况。

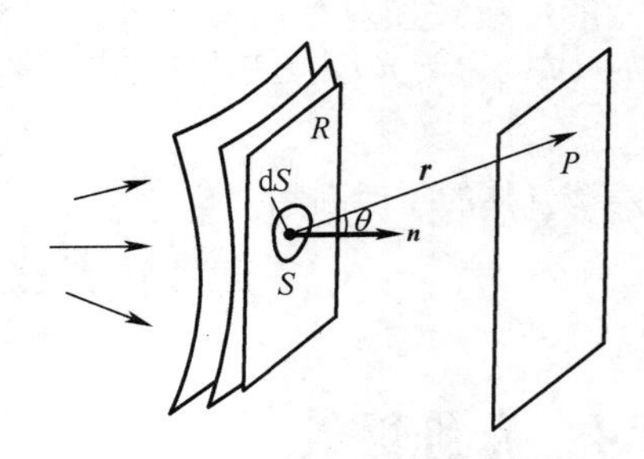

图 11.21　子波相干迭加

如图 11.21 所示，S 为某时刻光波的波阵面，$\mathrm{d}S$ 为 S 上的面元，$\boldsymbol{n}$ 为 $\mathrm{d}S$ 的法向矢量，$\mathrm{d}S$ 发射的子波在 P 点引起振动的振幅与 $\mathrm{d}S$ 成正比，与 $\mathrm{d}S$ 到 P 点的距离 r 成反比，还与 $\boldsymbol{r}$ 、$\mathrm{d}S$ 间夹角 θ 有关，而子波在 P 点引起的振动相位仅取决于 r ，$\mathrm{d}S$ 在 P 处引起的振动可表示为：

$$\mathrm{d}y=\frac{k(\theta)\mathrm{d}S}{r}\cos\left(\omega t-\frac{2\pi r}{\lambda}\right) \tag{11.4.1}$$

其中 ω 为光波角频率，λ 为光波波长，$k(\theta)$ 为 θ 的函数，又称为倾斜因子。θ 越大，在 P 点引起的振幅就越小，菲涅耳认为 $\theta\geqslant\frac{\pi}{2}$ 时，$\mathrm{d}y=0$ ，因而强度为零。由惠更斯-菲涅耳原理可知，整个波阵面 S 在 P 点产生的合振动由下述积分确定：

$$y=\int \mathrm{d}y=\int_S \frac{k(\theta)\mathrm{d}S}{r}\cos\left(\omega t-\frac{2\pi r}{\lambda}\right) \tag{11.4.2}$$

上式为惠更斯-菲涅耳原理的定量表述，一般情况下该式的积分较复杂，只有少数个例可以求得解析解。

11.4.3 菲涅耳衍射 夫琅禾费衍射

根据光源、障碍物、观察屏三者的相对位置，可把衍射现象分为两大类。一类为光源与观察屏，或二者之一距障碍物为有限远，如图 11.22（a）所示，此类衍射称为菲涅耳衍射，又称近场衍射。另一类为光源与观察屏均距障碍物无限远，入射光和衍射光均为平行光，如图 11.22（b）所示，此类衍射称为夫琅禾费衍射，又称远场衍射或平行光衍射。常用两个汇聚透镜实现夫琅禾费衍射，如图 11.22（c）所示，S 位于透镜 L_1 焦平面上，形成平行光衍射。

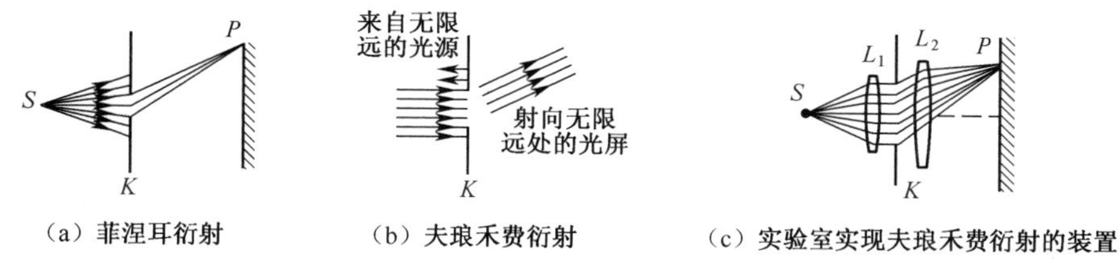

图 11.22 菲涅耳衍射和夫琅禾费衍射

夫琅禾费衍射其实是菲涅耳衍射的一种极限情形。衍射实验中通常使用平行光，所以夫琅禾费衍射较为重要，以下仅详细讨论夫琅禾费衍射。

11.5 夫琅禾费单缝衍射

11.5.1 夫琅禾费单缝衍射的实验装置

设光源 S 位于透镜 L_1 焦平面上，如图 11.23 所示，形成平行光垂直入射狭缝 K。光线绕过缝的边缘向阴影区衍射，衍射光经透镜 L_2 汇聚到焦平面处的屏幕上形成单缝衍射条纹。

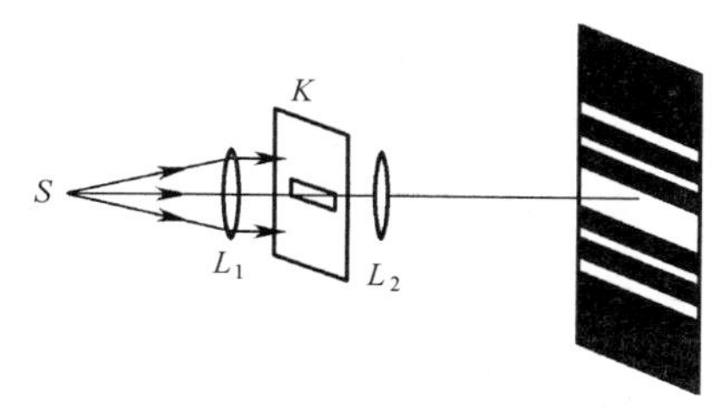

图 11.23 夫琅禾费单缝衍射实验装置

11.5.2 菲涅耳半波带法确定明暗条纹的位置

设单缝 AB 的宽度为 b，如图 11.24 所示，由惠更斯-菲涅耳原理，波面 AB 上各点均为相干子波源。先考虑沿入射方向传播的各子波射线的情况。如图 11.24 所示光束①，$\varphi=0$，经透镜 L 汇聚焦点 O 处。因为 L 不引起附加光程差，故在 O 处这些子波同相位，干涉加强呈现亮纹，称其为中央明纹。

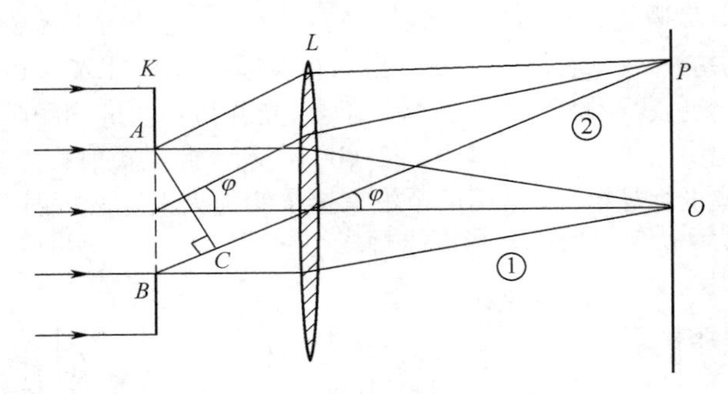

图 11.24　单缝衍射原理图

其他方向的情况较为复杂。这些与入射方向成 φ 角的子波射线，如图 11.24 所示的光线②，经 L 汇聚于 P 点。φ 称为衍射角，φ 不同，汇聚点 P 的位置就不同。作平面 AC 垂直 BC，由于 AC 上各点达到 P 点的光线光程均相等，故从 AB 发出的光线在 P 点的光程差就等于其由 AB 到达 AC 的光程差。B 点发出的子波与 A 点发出子波的光程差为 $BC=b\sin\varphi$。应用菲涅耳半波带法可以确定 P 处是明纹还是暗纹，分以下两种情况讨论。

1.　$BC=b\sin\varphi=2\cdot\dfrac{\lambda}{2}$

当 BC 恰好等于两个半波长时，如图 11.25（a）所示，将 BC 分为二等份，过等分点做平行于 AC 的平面，将单缝上波阵面分为面积相等的两部分 AA_1、A_1B，每一部分为一个半波带，称为**菲涅耳半波带**。每一个波带上各点发出的子波在 P 点产生的振动可认为近似相等。两波带上的对应点，如 AA_1 的中点与 A_1B 的中点所发出的子波光线，到达 AC 面的光程差为 $\dfrac{\lambda}{2}$，即相位差为 π，在 P 点处其相位差亦为 π，因而干涉相消，出现暗条纹。依此类推，偶数个半波带两两干涉的总效果使 P 点呈现暗条纹。故对于确定的衍射角 φ，若 BC 恰好等于半波长的偶数倍，则单缝上波面 AB 恰好能分成偶数个半波带，则在屏上对应处将呈现为暗条纹。

2.　$BC=b\sin\varphi=3\cdot\dfrac{\lambda}{2}$

当 BC 恰好为三个半波长时，如图 11.25（b）所示，将 BC 分成三等份，过等分点作平行于 AC 面的平面，这两个平面将单缝 AB 上的波阵面分成三个半波带

AA_1、A_1A_2和A_2B。相邻两波带发出的光在 P 点相互干涉抵消，剩下一个波带发出的光束未被抵消，故 P 处出现明条纹。依次类推，若波面 AB 恰好分成奇数个半波带，其中相邻波带两两干涉抵消，只剩下一个半波带的子波未被抵消，故 P 点将呈现明条纹。

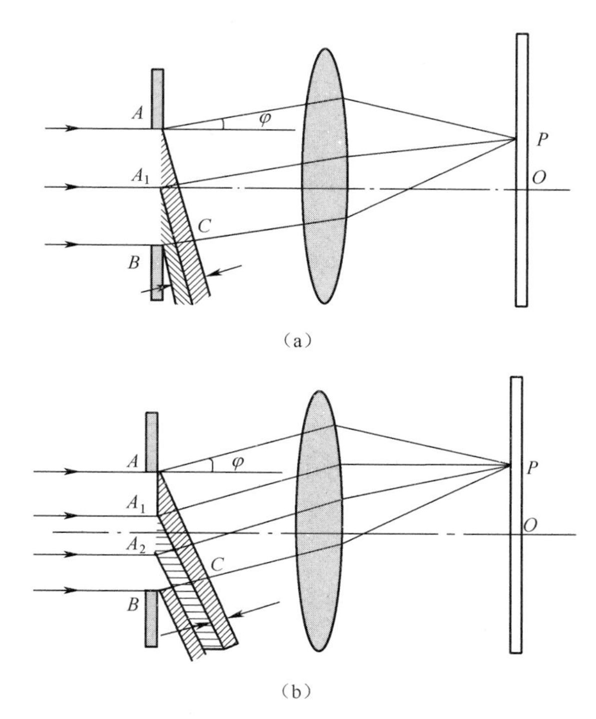

图 11.25　单缝衍射的菲涅耳半波带

综上所述得到如下结论：

明纹条件：
$$\begin{cases}\varphi = 0 \\ b\sin\varphi = \pm(2k+1)\dfrac{\lambda}{2}\ (k=1,\ 2,\ \cdots)\end{cases} \tag{11.5.1}$$

暗纹条件：
$$b\sin\varphi = \pm k\lambda\ (k=1,\ 2,\ \cdots) \tag{11.5.2}$$

当 $\varphi = 0$ 时，形成中央明纹，k=1，2，… 分别称为第一，二……级明纹或暗纹。若对应衍射角 φ，AB 不能被分成整数个半波带，则屏幕上的对应点的亮度将介于明、暗条纹亮度之间。

11.5.3　单缝衍射条纹分布特点

1. 单缝衍射条纹关于中央明纹对称分布

式（11.5.1）、（11.5.2）中的正负号表明衍射条纹在中央明纹两侧对称分布，

随着 φ 的增大，级数增大，各级条纹由中央明纹向两侧逐级展开，如图 11.23 所示。

2. 中央明纹宽度及其他明纹宽度

如图 11.26 所示，第一级暗纹距中心 O 的距离为：

$$x_1 = f\tan\varphi_1 \approx f\sin\varphi_1$$

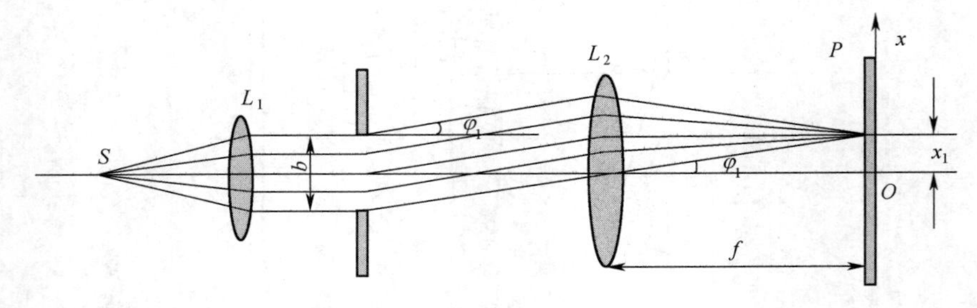

图 11.26 单缝衍射条纹位置分布

中央明纹半角宽度为：

$$\varphi_1 = \arcsin\frac{\lambda}{b} \approx \frac{\lambda}{b}$$

中央明纹角宽度为：

$$\Delta\varphi = 2\varphi_1 = \frac{2\lambda}{b} \tag{11.5.3}$$

故中央明纹的宽度为：

$$\Delta x_0 = 2x_1 = \frac{2\lambda f}{b} \tag{11.5.4}$$

其他明纹的宽度或任意两相邻暗纹的距离为：

$$\Delta x = x_{k+1} - x_k = f\tan\varphi_{k+1} - f\tan\varphi_k \approx f\sin\varphi_{k+1} - f\sin\varphi_k = \frac{\lambda f}{b} \tag{11.5.5}$$

即中央明纹为其他明纹宽度的 2 倍。

3. 条纹亮度分布

k 级明纹对应 $2k+1$ 个半波带，k 级暗纹对应 $2k$ 个半波带。k 越大，波阵面 AB 被分成的波带数就越多，于是对于确定的缝宽而言，每个波带的面积就越小，子波的振幅就越小。因此，衍射角 φ 越大，k 越大，在 P 点产生的光强就越弱。即各级明纹随级次的增加而亮度减弱，并且比中央明纹亮度减弱许多，如图 11.27 所示。

4. 波长与缝宽对衍射条纹分布的影响

若用白光做光源，由于各种波长的光在 O 处均加强，故 O 处为白色条纹，其他同级次明纹紫光距 O 近，红光距 O 远。由式（11.5.1）可知：给定 λ 时，b 越小，

φ 越大，衍射显著；b 越大，则各级衍射角 φ 就越小，条纹均向 O 靠近，衍射越不明显。若 b 比 λ 大得多，各级衍射条纹全部集中于 O 处，形成一明纹，这时可认为光沿直线传播，光的衍射现象消失。

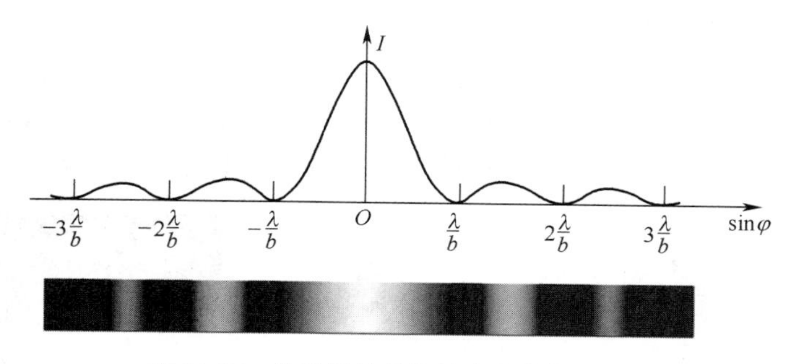

图 11.27　单缝衍射条纹的光强分布示意图

5. 单缝 K 向上平移观察屏上图样不变

若单缝位置向上平移，不影响 L 汇聚光线的作用，此时衍射图样不发生任何变化。

例题 11.5.1　在夫琅禾费单缝衍射实验中，若用波长为 λ_1 的入射光照射，其第 3 级明纹正好与波长为 $\lambda_2 = 600$（nm）的光照射时第 2 级明纹重合，试求 λ_1。

解：单缝衍射的明纹条件为：

$$b\sin\varphi = \pm(2k+1)\frac{\lambda}{2} \quad (k=1, 2, \cdots)$$

由题意知：

$$(2k_1+1)\frac{\lambda_1}{2} = (2k_2+1)\frac{\lambda_2}{2}$$

将 $k_1 = 3$，$k_2 = 2$ 代入得：

$$\lambda_1 = 2\frac{(2k_2+1)\frac{\lambda_2}{2}}{(2k_1+1)} = \frac{5}{7}\lambda_2 = \frac{5\times 600}{7} = 428.6 \text{（nm）}$$

例题 11.5.2　汞灯发出的绿色平行光垂直入射到单缝装置，设汞灯发出的光波波长 $\lambda_2 = 546$（nm），单缝宽度 $b = 0.437$（mm），透镜焦距 $f = 40$（cm）。试求单缝衍射中央明纹的宽度及第一级明纹的宽度 Δx。

解：中央明纹的宽度 $\Delta x_0 = \frac{2\lambda f}{b} = \frac{2\times 546\times 10^{-9}\times 0.4}{0.437\times 10^{-3}} = 1.0\times 10^{-3}$（m）

第一级明条纹的宽度为第一、二级暗纹间距，由式（11.5.5）得：

$$\Delta x = \frac{\lambda f}{b} = \frac{546\times 10^{-9}\times 0.4}{0.437\times 10^{-3}} = 0.5\times 10^{-3} \text{（m）}$$

11.6 夫琅禾费圆孔衍射 光学仪器的分辨本领

11.6.1 夫琅禾费圆孔衍射

光通过狭缝产生衍射现象，同样，光通过小圆孔时也产生衍射现象。如图 11.28（a）所示，当单色平行光垂直照射小圆孔时，位于透镜 L 焦平面处观察屏上形成中央为亮斑，其周围为明、暗交替的环形衍射图样，中央亮斑称为爱里斑。

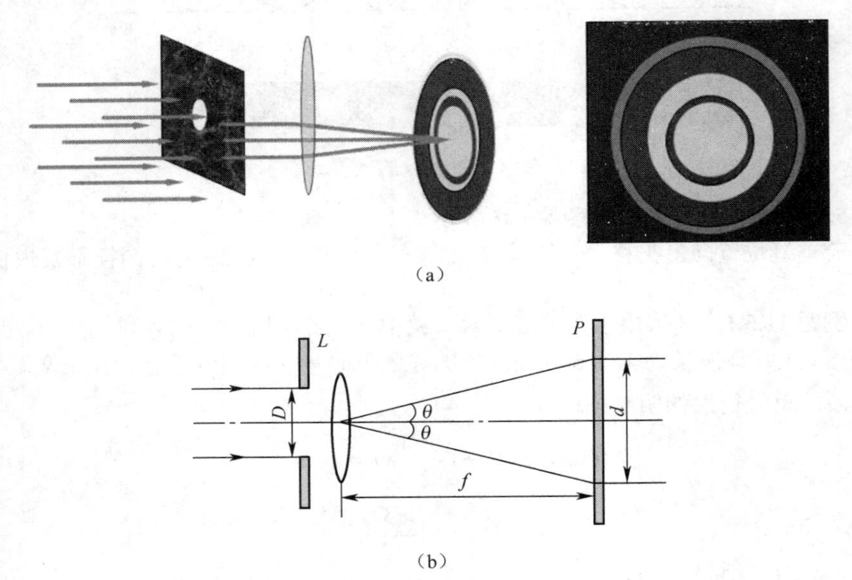

（a）

（b）

图 11.28 圆孔衍射

可以证明，爱里斑对透镜光心的张角 2θ 与圆孔直径 D、单色入射光波长 λ 的关系为：

$$2\theta = \frac{d}{f} = 2.44\frac{\lambda}{D} \tag{11.6.1}$$

其中 θ 为第一衍射极小与主轴的夹角，如图 11.28（b）所示。

11.6.2 光学仪器的分辨本领

光学仪器的透镜、光阑等均相当于透光的圆孔。因此，实际物点发出的光波，由于受到光学仪器孔径的限制而发生衍射，物点的像不再是一个几何点，而是有一定大小的爱里亮斑。而对于相距较近的两个物点，其对应的两个爱里斑就会互相重叠甚至无法分辨出两个物点的像。故由于光的衍射，光学仪器的分辨能力受到限制。

以图 11.29 所示三种情况为例，可以说明影响光学仪器分辨能力的因素。图 11.29（a）所示两个物点相距较远，两个爱里斑中心间距大于爱里斑半径。虽然衍射图样部分重叠，但重叠部分的光强较爱里斑中心处光强小，因此两物点的像能够分辨。

图 11.29（c）所示两物点相距较近，两个爱里斑中心间距小于爱里斑半径。两个衍射图样重叠较多，两物点的像不能分辨。

图 11.29（b）所示两物点恰好使两个爱里斑中心间距等于爱里斑半径，即一个衍射图样的中心正好与另一个衍射图样的第一极小重合。这时，两个衍射图样重叠部分中心处的光强约为两个中央亮斑最大光强的 80%，两个物点的像恰好可以分辨。通常把这种情形作为两个物点刚好能够被人眼或光学仪器所能分辨的临界状态。该判定准则称为**瑞利判据**。而该判据刚能分辨的两物点的张角 θ_0 称为**最小分辨角**，由式（11.6.1）可知：

$$\theta_0 = \frac{1.22\lambda}{D} \tag{11.6.2}$$

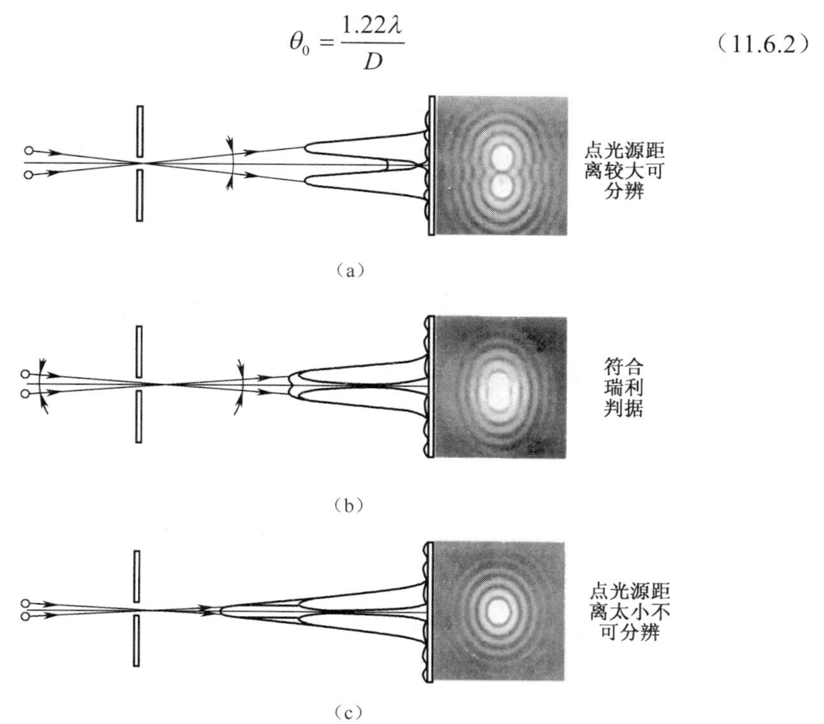

图 11.29　光学仪器的分辨本领

于是有结论：若两光源张角大于 θ_0，可以分辨，若两光源张角小于 θ_0，则不能分辨。将光学仪器的最小分辨角的倒数 $\frac{1}{\theta_0}$ 称为分辨率，以描述光学仪器的分辨能力，公式为：

$$\frac{1}{\theta_0}=\frac{D}{1.22\lambda} \tag{11.6.3}$$

由此可见，光学仪器的分辨率与仪器的透光孔径 D 成正比，与所用光波的波长成反比。天文观察采用直径较大的透镜，就是为了提高天文望远镜的分辨率。而显微镜常选用波长较短的紫外线为光源，也是为了提高其分辨率。而电子束的有效波长是可见光波长的十万分之一，故电子显微镜的分辨率更高。

例题 11.6.1　若两颗星体相对于天文望远镜的张角为 4.88×10^{-6}（rad），试求其镜头孔径至少多大才能分辨两颗星？设两颗星发出的光的波长为 $\lambda=550$（nm）。

解：由瑞利判据知，最小分辨角为 $\theta_0=\frac{1.22\lambda}{D}=4.88\times10^{-6}$（rad）

则望远镜的孔径至少应为：

$$D=\frac{1.22\lambda}{\theta_0}=\frac{1.22\times550\times10^{-9}}{4.88\times10^{-6}}=0.1375\text{（m）}$$

例题 11.6.2　设宇宙飞船在位于 200（km）的高空运行，若宇航员瞳孔直径为 5（mm），光波波长 $\lambda=500$（nm），此时宇航员恰好能分辨地球表面的两个点光源。若宇航员使用飞船照相设备观察地球，所能分辨的最小距离则为 5（m）。试求：

（1）地球表面两个点光源的最小间距；

（2）飞船照相设备的孔径。

解：（1）由瑞利判据知，人眼的最小分辨角为：

$$\theta_0=\frac{1.22\lambda}{D}=\frac{1.22\times500\times10^{-9}}{5\times10^{-3}}=1.22\times10^{-4}\text{（rad）}$$

由 $\theta_0=\frac{1.22\lambda}{D}=\frac{d}{x}$ 得到两个点光源的最小间距为：

$$d=x\theta_0=200\times10^3\times1.22\times10^{-4}=24.4\text{（m）}$$

（2）飞船照相设备的分辨角应为：

$$\theta_0'=\frac{d'}{x}=\frac{5}{200\times10^3}=2.5\times10^{-5}\text{（rad）}$$

由瑞利判据可得：

$$\theta_0'=\frac{1.22\lambda}{D'}=2.5\times10^{-5}\text{（rad）}$$

故照相设备的孔径至少为 ：

$$D'=\frac{1.22\lambda}{\theta_0'}=\frac{1.22\times500\times10^{-9}}{2.5\times10^{-5}}=2.44\times10^{-2}\text{（m）}$$

11.7　光栅衍射

利用单缝衍射实验测定光波波长，为了获得清晰可见的各级衍射条纹，通常缩小狭缝宽度，但同时也会减弱各级明条纹的亮度。而利用衍射光栅则可以获得既明亮又清晰的条纹。

11.7.1 光栅

由大量等宽度等间距平行排列的狭缝组成的光学器件称为透射式平面衍射光栅，例如可以在玻璃片上刻画出大量等距离、等宽度的平行直线，刻痕处不透光，而两刻痕间透光，相当于一个单缝。除了透射式平面光栅外，还有反射式平面光栅，是在不透明材料如铝片上刻画出一系列等间距的平行槽纹而形成，入射光经槽纹反射形成衍射条纹，如图 11.30 所示。

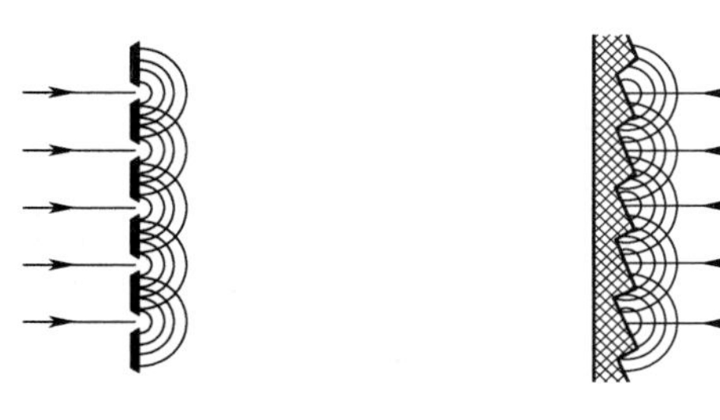

（a）透射式平面衍射光栅　　（b）反射式平面衍射光栅

图 11.30　光栅

设不透光的宽度为b'、透光的宽度为b，如图 11.31 所示，则$d=b+b'$为相邻两缝间距，称为**光栅常数**。一般光栅的光栅常数为 10^{-5}～10^{-6}m，d 越小，表示光栅的性能越好。

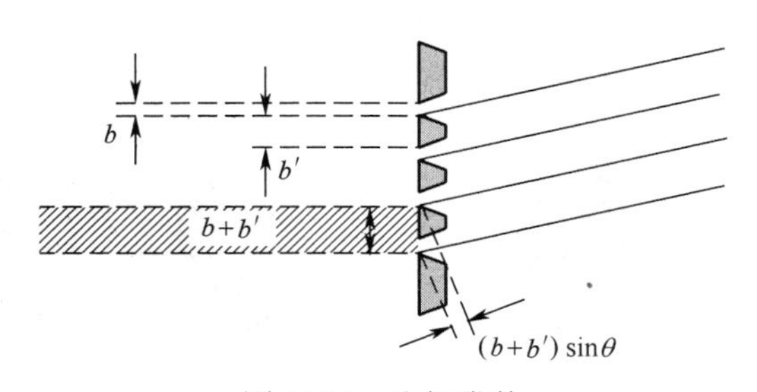

图 11.31　光栅常数

11.7.2 光栅衍射条纹分布特点

光栅衍射实验装置如图 11.32 所示，单色平行光垂直照射，于是可在观察屏上得到光栅衍射条纹。

由每一条狭缝射出的光均为狭缝的衍射光，遵从单缝衍射规律。而由不同狭缝射出的光均为相干光，在相遇区域同样会产生缝与缝的干涉。故在观察屏上得到的光栅衍射条纹是单缝衍射和缝间干涉的共同结果。

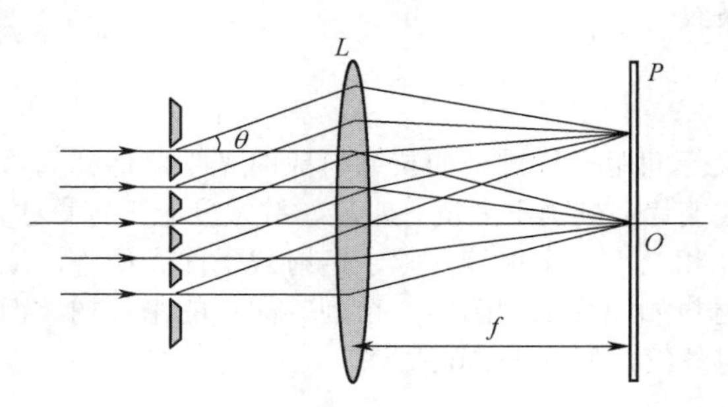

图 11.32　光栅衍射实验装置

以下简单讨论光栅衍射明纹满足的条件。任选相邻两缝分析，设两缝发出的光沿衍射角θ的方向被透镜汇聚于点 P。若其光程差$(b+b')\sin\theta$恰好为入射光波长λ的整数倍，由式（11.1.12）可知，该两光线为干涉加强。其他任意相邻两缝沿θ方向的两光线的光程差也等于λ的整数倍，其干涉也为相互加强。故光栅衍射明条纹的条件，即为衍射角θ必须满足的关系式，为：

$$(b+b')\sin\theta=\pm k\lambda \quad (k=0,1,2,\cdots) \tag{11.7.1}$$

式（11.7.1）称为**光栅方程**。式中对应于$k=0$的条纹称为中央明纹，$k=1,2,\cdots$的明纹分别为第一级，第二级……明纹。正负号表明各级明条纹对称分布于中央明纹两侧。这些明条纹的光强具有最大值，因此常称为主极大。

因受到单缝衍射规律调制的缘故，如图 11.33 所示，各个主极大的光强不尽相同。可以证明，在缝宽一定的情况下，光栅的狭缝条数越多，明条纹的光强越强，各级明条纹的宽度也会越小。鉴于衍射光栅所具有的这种效果，故可用于精确测量光波的波长，是进行光谱分析的重要工具。

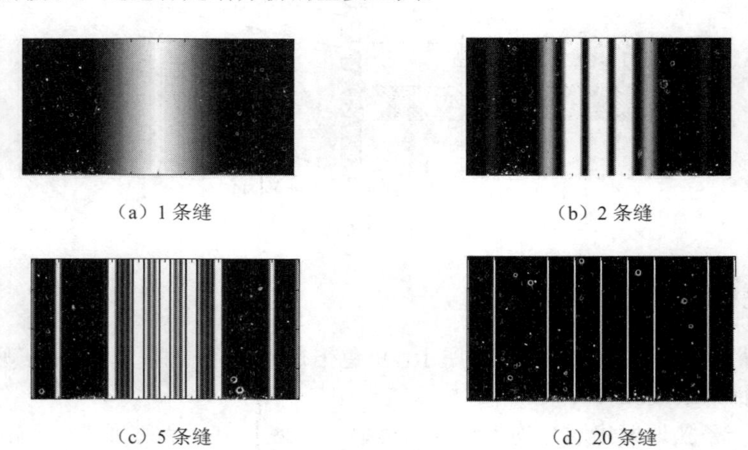

（a）1 条缝　（b）2 条缝　（c）5 条缝　（d）20 条缝

图 11.33　光栅衍射条纹的分布对比图

如图 11.34 所示，单缝衍射规律的调制作用，还表现在有些主极大从观察屏上消失，即发生**缺级现象**。

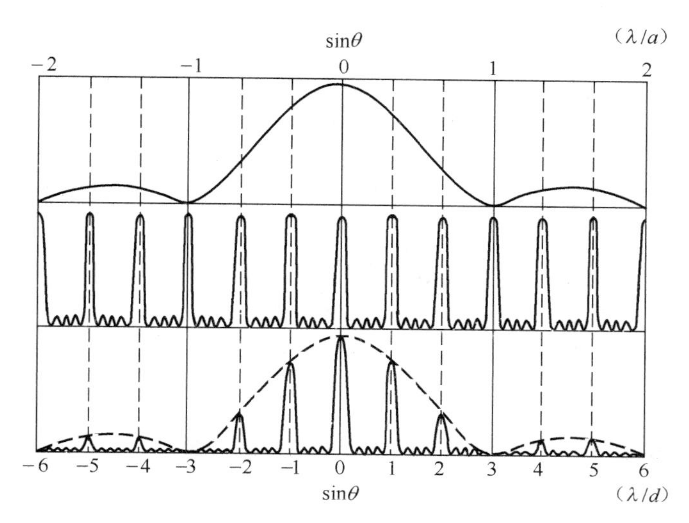

图 11.34　光栅衍射条纹的光强分布示意图

这是因为当衍射角 θ 满足光栅方程式（11.7.1）而出现明纹的同时，正好也满足单缝衍射暗纹的条件，即有：

$$b\sin\theta = \pm k'\lambda \quad (k'=0, 1, 2, \cdots) \tag{11.7.2}$$

由式（11.7.1）、式（11.7.2）可以解得缺级的主极大级次应满足：

$$k = \frac{b+b'}{b}k' \quad (k'=0, 1, 2, \cdots) \tag{11.7.3}$$

由此可知，当光栅常数与缝宽成整数比时，就会发生缺级现象。例如当 $b+b'=3b$ 时，$k=3, 6, \cdots$ 各级主极大均消失，如图 11.34 所示。

若用白色平行光照射光栅，其中的各种单色光将各自产生衍射条纹。各种波长的中央明纹重叠在一起，故中央明纹仍呈白色。在中央明纹的两侧对称排列各种单色光明纹的第一级、第二级等，分别称为第一级光谱、第二级光谱等，从而形成彩色衍射光谱。

例题 11.7.1　波长为 600（nm）的单色光垂直入射到光栅上，第二级明纹出现在 $\sin\theta = 0.20$ 处，第四级缺级，试求：

（1）光栅常数 d；

（2）光栅狭缝的最小宽度；

（3）屏幕上实际呈现的全部明纹级数。

解：（1）由光栅方程得：

$$d\sin\theta = 2\lambda$$

故光栅常数为$d=\dfrac{2\lambda}{\sin\theta}=\dfrac{2\times600\times10^{-9}}{0.20}=6.0\times10^{-6}$（m）。

（2）由于第四级缺级，故有$d\sin\theta=4\lambda$，$b\sin\theta=k'\lambda$，光栅狭缝的宽度为$b=\dfrac{k'}{4}d$。

当$k'=1$时，狭缝宽度最小，即$b=\dfrac{k'}{4}d=1.5\times10^{-6}$（m）。

（3）由光栅方程$d\sin\theta=\pm k\lambda$，得：当$|\theta|=\dfrac{\pi}{2}$时，k有最大值，即：

$$k=\frac{d\sin\theta}{\lambda}=\frac{6.0\times10^{-6}\sin\frac{\pi}{2}}{600\times10^{-9}}=10$$

由于缺级，实际出现的全部明纹级数为$k=0$，±1，±2，±3，±5，±6，±7，±9级。

11.8 光的偏振

11.8.1 光的偏振态

1660年罗伯特·胡克（Robert Hooke，1635～1703年）发表了光的波动理论，惠更斯于1678年得出了光的波动学说，随后又发现了光的干涉和衍射现象。但是通过衍射和干涉现象仍不能判定光究竟是横波还是纵波，以致于支持波动说的人们将光波与声波相比较，把光波视为纵波。直到1817年托马斯·杨根据光在晶体中传播产生的双折射现象推断光是横波，才提出光为横波的论点，后来的实验证实该论点是正确的。

在与传播方向垂直的平面内，光矢量$\boldsymbol{E}$可能有各式各样的振动状态，该平面内的具体振动方式称为光的**偏振态**，偏振是横波特有的现象。

自然光 偏振光

普通光源发出的光，为大量各自独立发光的原子或分子发出的光，其中包含各个方向的光矢量，在所有可能方向上光矢量$\boldsymbol{E}$的振幅均相等，无论哪一个方向的振动都不比其他方向更占优势，即光矢量的振动在各个方向上是对称的，振幅也可看作完全相等，这样的光称为自然光，如图11.35（a）所示。光是一种横波，光矢量$\boldsymbol{E}$与光的传播方向垂直。在垂直于传播方向的平面内，可以把任何一束自然光的各个光矢量分解成相互垂直的两个光矢量分量，从而得到两个相互垂直、振幅相等、彼此独立的光振动，如图 11.35（b）所示。应当注意的是，由于自然光的光振动是由相互独立的原子或分子发出，所以相互垂直的两个光矢量分量之间并没有确定的相位关系。自然光也可以用图11.35（c）所示的方法表示，用与传播方向垂直的短线表示在纸面内的光振动，用点表示与纸面垂直的光振动。

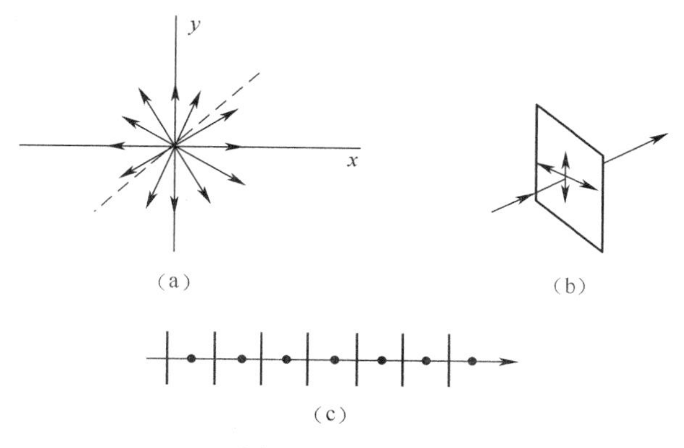

图 11.35　自然光

若光矢量 $\boldsymbol{E}$ 始终沿某一方向振动，这种光就称为线偏振光或平面偏振光，简称**偏振光**。偏振光的振动方向与传播方向组成的平面，称为**振动面**。图 11.36（a）、（b）分别表示振动面位于纸面内和垂直于纸面的偏振态。通常采用将自然光经反射、折射或吸收等方法，只保留某一方向的光振动，从而获得偏振光。若某一方向的光振动比与其垂直方向的光振动占优势，这种光称为**部分偏振光**，如图 11.36（c）、（d）所示。

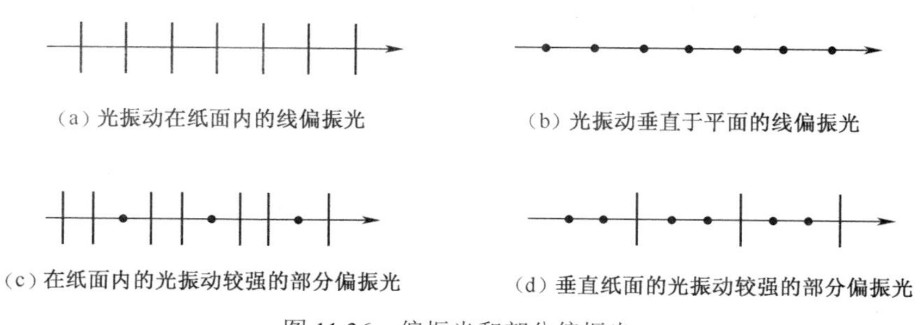

图 11.36　偏振光和部分偏振光

11.8.2　起偏与检偏、马吕斯定律

1. 起偏与检偏

由太阳、日光灯等普通光源发出的光均为自然光。由自然光获得偏振光的方法有很多种，利用反射、折射、二向色性、晶体双折射等方法均可由自然光获得偏振光。以下主要介绍利用偏振片获得偏振光的方法。

自然界的物质对光的吸收随光矢量的方向而改变，能够吸收某一方向的光振动，而使与之垂直的光振动通过的性质，称为二向色性。典型的二向色性物质为电气石和硫酸金鸡钠硷。将具有二向色性的材料涂敷于透明材料薄片上就成为偏振片。自然光经过偏振片后，成为具有确定振动方向的光。该方向称为偏振化方向，通常用记号“↕”把偏振化方向标识在偏振片上，如图 11.37（a）所示。使自然光成为偏振光的装置称为**起偏器**。如图 11.37（b）所示，偏振片就是一种起偏器。图 11.37（c）所示为自然光通过偏振片产生偏振光的过程。

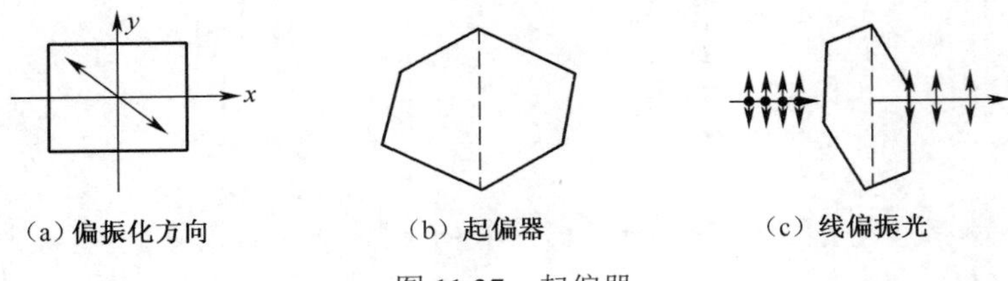

（a）偏振化方向　（b）起偏器　（c）线偏振光

图 11.37　起偏器

偏振片也是一种检偏器。设两偏振片 p_1、p_2 的偏振化方向平行，自然光通过 p_1 产生偏振光，故此时 p_1 的作用为起偏器，偏振光通过 p_2，且光强最大，如图 11.38（a）所示；当 p_2、p_1 的偏振化方向垂直时，没有光通过 p_2，故光强最小，如图 11.38（b）所示；当 p_2、p_1 的偏振化方向既不平行也不垂直时，通过 p_2 的光强介于最大与最小之间，如图 11.38（c）所示。由此可知，p_2 偏振片此时可辨别偏振光，故 p_2 的作用为**检偏器**。

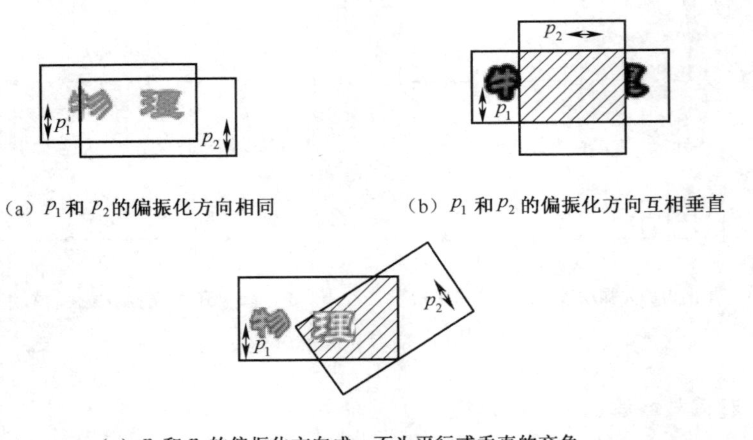

（a）p_1 和 p_2 的偏振化方向相同　（b）p_1 和 p_2 的偏振化方向互相垂直

（c）p_1 和 p_2 的偏振化方向成一不为平行或垂直的交角

图 11.38　偏振片作为检偏器

2. 马吕斯定律

马吕斯（Etienne Louis Malus，1775～1812 年）为法国物理学家、巴黎科学院院士，曾获得伦敦皇家学会奖章。马吕斯在 1808 年发现了关于偏振光强度变化的规律，如图 11.39 所示，OM 为起偏器 p_1 的偏振化方向，ON 为检偏器 p_2 的偏振化方向，两者夹角为 α。当自然光透过 p_1 成为沿 OM 方向的线偏振光，其光矢量振幅为 E_0，光强为 I_0，而 p_2 只允许沿 ON 方向的分量通过，故由检偏器 p_2 透射光的振幅为$E = E_0\cos\alpha$，其光强为：

$$I = I_0\cos^2\alpha \qquad (11.8.1)$$

式（11.8.1）称为**马吕斯定律**。

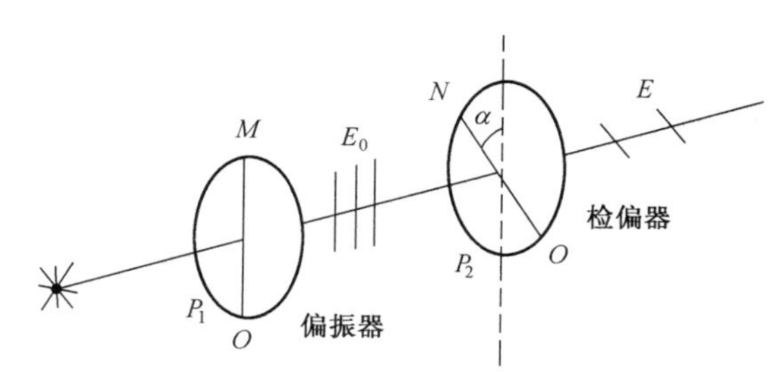

图 11.39　偏振器与检偏器

由马吕斯定律可知，当$\alpha = 0$、$\alpha = \pi$时，$I = I_0$，即起偏器与检偏器的偏振化方向平行时，透射光光强最大；当$\alpha = \dfrac{\pi}{2}$、$\alpha = \dfrac{3\pi}{2}$时，$I = 0$，即起偏器与检偏器的偏振化方向相互垂直时，透射光光强为零；当a取其他值时，光强介于最大和零之间。由此可检测入射光是否为偏振光，并确定其偏振化方向。

例题 11.8.1　设两偏振片平行放置分别作为起偏器和检偏器，其偏振化方向夹角为45°、60°时，两次观测同一位置处的两个光源，测得光强相等。求两光源入射起偏器的光强之比。

解：设I_1和I_2分别为两光源照射起偏器上的光强，透过起偏器后，光强分别为$\dfrac{1}{2}I_1$、$\dfrac{1}{2}I_2$。由马吕斯定律可知，透过检偏器的光强分别为：

$$I_1' = \frac{1}{2}I_1\cos^2 45°\text{，}\quad I_2' = \frac{1}{2}I_2\cos^2 60°$$

由题意可知：

$$I_1' = I_2'$$

即：

$$I_1'\cos^2 45° = I_2'\cos^2 60°$$

故得到：

$$\frac{I_1}{I_2} = \frac{\cos^2 60°}{\cos^2 45°} = \frac{1}{2}$$

11.8.3　布儒斯特角

若让自然光由折射率为n_1的介质入射到折射率为n_2的介质的分界面上，如图 11.40（a）所示，实验发现反射光为垂直入射面的部分偏振光，而折射光则为平行入射面的部分偏振光。改变入射角i，反射光的偏振化程度也随之改变，当入射角等于某一特定角度i_0时，反射光成为振动面垂直于入射面的偏振光，而折射光仍为部分偏振光，如图 11.40（b）所示。此时入射角i_0满足：

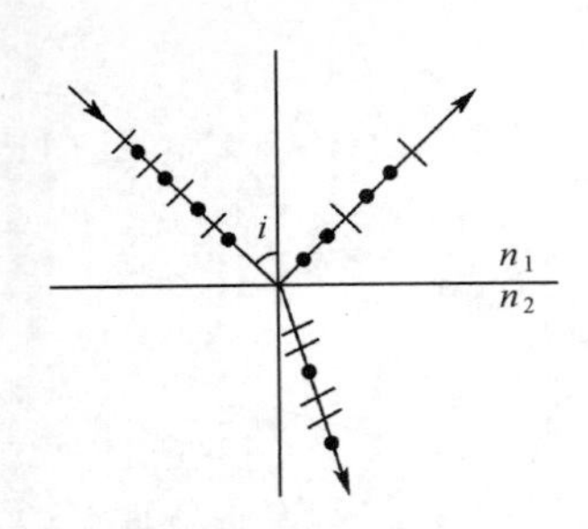

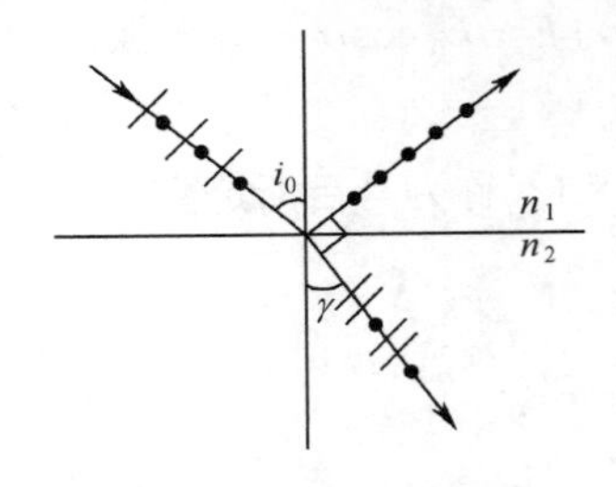

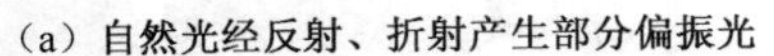

（a）自然光经反射、折射产生部分偏振光　　（b）入射角为布儒斯特角时反射光为偏振光

图 11.40　反射光和折射光的偏振

$$\tan i_0 = \frac{\sin i_0}{\cos i_0} = \frac{n_2}{n_1} = n_{21} \tag{11.8.2}$$

其中 $n_{21} = \dfrac{n_2}{n_1}$ 是介质 2 对于介质 1 的相对折射率，式（11.8.2）为 1815 年由布儒斯特（D.Brewster，1781～1868 年）由实验获得，故称为**布儒斯特定律**，而 i_0 则称为**起偏角或布儒斯特角**。

可以证明，当入射角为布儒斯特角时，反射光与折射光互相垂直。设入射角为 i_0，由折射定律和布儒斯特定律得到：

$$\frac{\sin i_0}{\sin \gamma} = \frac{n_2}{n_1} = n_{21}, \quad \tan i_0 = \frac{\sin i_0}{\cos i_0} = \frac{n_2}{n_1} = n_{21}$$

以上两式联立可得，$\sin\gamma = \cos i_0$，故有 $i_0 + \gamma = \dfrac{\pi}{2}$，即反射光与折射光相互垂直。

若自然光由空气照射到折射率为 1.50 的玻璃上，欲使反射光为偏振光，由式（11.8.2）知，起偏角应为 56.3°，此时的折射角为 33.7°。对于光学玻璃，当自然光按起偏角入射时，经过一次反射后，虽然反射光为偏振光，但是反射光的强度较弱，约为入射光强度的 7.5%，大部分光将折射透过玻璃。故可以将一些玻璃片组成玻璃堆，如图 11.41 所示，经过多次反射、折射，各个界面的反射光均为光振动垂直于入射面的偏振光，以起偏角入射的光中绝大部分垂直于入射面的光振动被反射掉，同时从玻璃堆透射出的光，就几乎只有平行于入射面的光振动了，因而透射光接

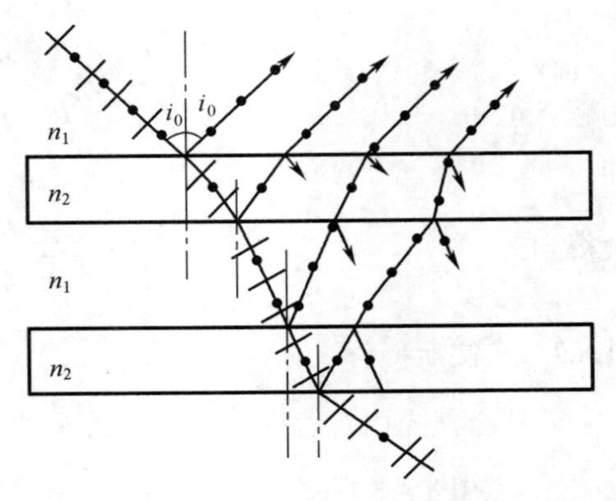

图 11.41　光透过玻璃堆折射光近似为偏振光

近于偏振光。由此可知，利用玻璃片、玻璃堆等通过在起偏角反射和折射，可以获得偏振光。同样，应用玻璃片、玻璃堆也可以检验偏振光。

例题 11.8.2 选取折射率为 1.50 的玻璃片，已知空气的折射率近似为 1，当自然光由空气射向玻璃片反射时，试求起偏角、折射角。

解：由布儒斯特定律，光由空气射向玻璃片时

$$\tan i_0 = \frac{n_2}{n_1} = \frac{1.50}{1}, \quad i_0 = 56.3°$$

故起偏角为56.3°，又因为当入射角为起偏角时，反射光与折射光相互垂直，即有：

$$i_0 + \gamma = \frac{\pi}{2}$$

故可求得折射角 $\gamma = 33.7°$ 。

习题 11

11.1 双缝干涉实验如图 11.42 所示，若用折射率为 $n_1 = 1.4$ 的薄玻璃片覆盖缝 S_1，用折射率 $n_2 = 1.7$ 同样厚度的玻璃片覆盖缝 S_2，使未覆盖玻璃片时屏幕上中央明条纹 O 处呈现第 5 级明纹。设单色光波长 $\lambda = 480$（nm），光线近似垂直穿过玻璃片，试求玻璃片的厚度 d。

11.2 设有双缝干涉实验装置，如图 11.43 所示，双缝与屏间距 $D = 120$（cm），两缝间距 $d = 0.50$（mm），用波长 $\lambda = 500$（nm）的单色光垂直照射双缝。

（1）试求原点 O 零级明条纹所在处上方第 5 级明纹坐标 x'；

（2）若用厚度 $l = 1.0 \times 10^{-2}$（mm）、折射率 $n = 1.58$ 的透明薄膜覆盖缝 S_1，试求上述第 5 级明纹坐标 x'。

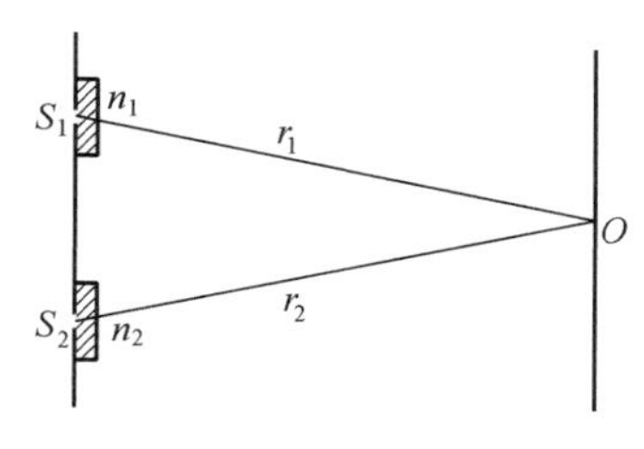

图 11.42 11. 1 题用图

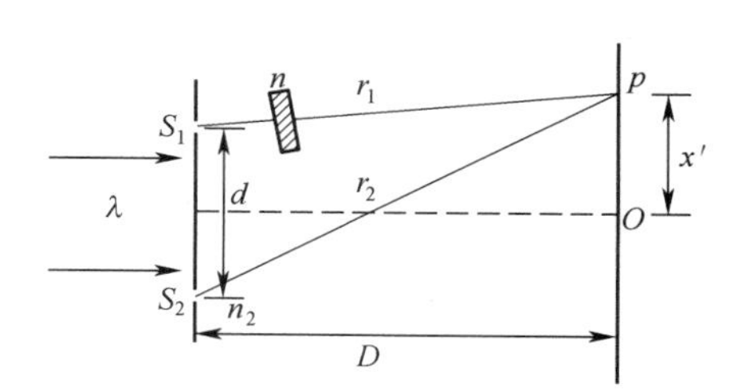

图 11.43 11.2 题用图

11.3 波长为 $\lambda = 550$（nm）的单色平行光，垂直入射缝间距为 2×10^{-4}（m）的双缝上，若屏到双缝间距 $D = 2$（m），试求：

（1）中央明纹两侧第 10 级明纹中心间距；

（2）若用厚度 $e = 6.6 \times 10^{-5}$（m）、折射率 $n = 1.58$ 的玻璃片覆盖一缝后，零级明纹将移到原来第几级明纹处？

11.4 缝间距 5.0（mm），缝屏间距 1.0（m），若在屏上可见双缝实验两个干

涉花样，一个由 $\lambda=480$（nm）的光产生，另一个由 $\lambda'=600$（nm）的光产生。试求两干涉花样第 3 级明纹间距。

11.5　在折射率为 $n=1.50$ 的玻璃上镀有 $n'=1.35$ 的透明介质薄膜。若入射光垂直介质膜表面照射，观察反射光的干涉发现 $\lambda_1=600$（nm）的光波干涉相消，$\lambda_2=700$（nm）的光波干涉相长。且在 600（nm）到 700（nm）之间，没有别的波长干涉相长、干涉相消。试求所镀介质膜的厚度。

11.6　设有厚度 $h=0.34$（μm）的平行薄膜放在空气中，其折射率 $n=1.33$。当用白光 $\lambda=390\sim720$（nm）照射时，试问视线与膜面法线成 60°时，观察薄膜表面呈什么颜色？成 30°时又如何？

11.7　用波长为 500（nm）的单色光垂直照射由两块光学平板玻璃构成的空气劈尖，观察反射光的干涉条纹，距劈尖棱边 $l=1.56$（cm）的 A 处，为由棱边算起的第 4 条暗条纹中心。

（1）试求此空气劈尖的角 θ；

（2）若改用 600（nm）的单色光垂直照射，试问 A 处是明条纹还是暗条纹？

（3）在第（2）问的条件下，从棱边到 A 的范围内共有几条明纹？几条暗纹？

11.8　用钠光灯的黄色光观察牛顿环，测得第 k 级暗环的半径为 $r_k=4$（mm），第 $k+5$ 级暗环的半径为 $r_{k+5}=6$（mm）。已知钠黄光波长 $\lambda=589.3$（nm），试求所用平凸透镜的曲率半径 R，以及 k 为第几级暗环？

11.9　用波长为 λ 的单色光垂直入射单缝 AB 如图 11.44 所示，试求：

（1）若 $AP-BP=2\lambda$，则对 P 点而言，狭缝可分为几个半波带？P 点是明是暗？

（2）若 $AP-BP=1.5\lambda$，则 P 点是明是暗？对另一点 Q 来说，$AQ-BQ=2.5\lambda$，则 Q 点是明是暗？P、Q 两点相比哪点较亮？

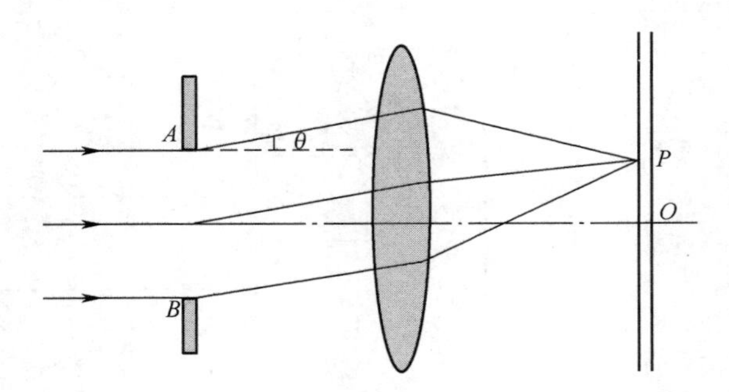

图 11.44　11.9 题用图

11.10　北京天文台的微波综合孔径射电望远镜是一个相控阵雷达系统，由设置在东西方向的一列共有 28 个抛物面天线组成，为了不产生附加相位差，用等长的信号电缆连接到同一接收器上，用以接收宇宙射电源发出的 232（MHz）的电磁信号。工作时各天线的作用等效于间距为 $d=6$（m）、总数为 192 个天线的一维天线列阵，试问：

（1）接收器接收到由正天顶上的射电源发来的电磁波信号，将产生极大还是极小？

（2）在正天顶东方多少角度的射电源发来的电磁波将产生第一级（$k=1$）极大？

11.11　单缝夫琅禾费衍射实验，若缝宽 $b=5\lambda$，缝后透镜焦距 $f=0.5$（m），试求：

（1）中央明纹的宽度；

（2）第一级明纹的宽度。

11.12　天文台为了提高无线电天文望远镜的分辨率，现采用“特长基线干涉法”，即将两台相距较远的望远镜联网，把同时测得的电信号进行叠加分析。设两台望远镜相距 10^4（km），所用无线电波波长 $\lambda=5$（cm），试求“特长基线干涉法”所能达到的最小分辨角。

11.13　设车头大灯相距为 1.0（m），司机瞳孔直径为 3（mm），灯光波长为 500（nm）。试求夜间迎面驶来的汽车，在距离行人多远时恰能被司机所分辨？

11. 14　用 1(cm)有 5000 条栅纹的衍射光谱观察钠光谱线，已知 $\lambda=589.3$(nm)，试问：

（1）光线垂直入射时，最多能看到几级明纹？

（2）若不透光宽度与透光宽度相等，即 $b'=b$，则又能看到几级明纹？

11.15　光强为 I_0 的自然光连续通过两个偏振片后，光强变为 $\frac{I_0}{4}$，试求两个偏振片的偏振化方向的夹角。

11.16　自然光垂直通过偏振化方向成 $45°$ 的两个偏振片，透射光强度为 I_1。若入射光不变而使两偏振片的偏振化方向夹角变为 $60°$，试求透射光的强度。

11.17　已知玻璃与水的折射率分别为1.50、1.33，试求以下情况的起偏角：

（1）光由水射向玻璃而被界面反射；

（2）光由玻璃射向水而被界面反射。

第 12 章　气体动理论

气体动理论由组成气体的物质微观结构出发，运用统计方法研究气体的宏观量和微观量之间的关系，揭示气体宏观热现象及其微观本质。本章由气体动理论观点出发，讨论大量气体分子热运动的宏观性质和规律，研究对象为理想气体。描述气体热运动的宏观物理量为体积、压强和热力学温度，而宏观量是微观量的统计平均值。在学习本章过程中，应注重理解统计规律的应用，提高解决物理问题的能力。

12.1　气体的状态

12.1.1　气体的状态参量

一定量的气体是由大量做热运动的分子构成的，在描述气体的状态时，可应用宏观参量描述。气体的**体积**、**压强**和**温度**称为气体的**物态参量**。

对于充满容器的气体，容器的体积为气体的体积，也就是气体分子运动的空间。SI 中体积的单位为 m^3（立方米），常用的单位还有 L（升）。气体的压强源自大量气体分子碰撞的平均效果，等于气体分子作用于器壁单位面积的正压力，是描述气体状态的力学参量，SI 压强的单位为 Pa（帕斯卡），即 $N \cdot m^{-2}$（牛・米$^{-2}$）。温度是描述气体的热学参量，表征气体的冷热程度。从微观角度讲，温度是分子热运动剧烈程度的量度，分子热运动越剧烈，物体的温度就越高。若要定量描述物体的冷热程度，要用到温度的数值标定方法，即**温标**。建立在热力学第二定律基础之上的热力学温标为基本温标，热力学温标表示的温度称为**热力学温度**，SI 为K（开尔文），用 T 表示。在工程技术和日常生活中，经常使用摄氏温标，单位为℃（摄氏度），用 t 表示，热力学温标标定的温度与摄氏温标标定的温标之间的关系为 $T = t + 273.15\ \text{K}$。

12.1.2　理想气体的平衡态

平衡态与准静态过程是热力学两个重要的概念，本教材所涉及的气体状态和热力学过程，一般均为平衡态和准静态过程。

平衡态是指气体在不受外界环境影响下，其物态参量 p、V、T 不随时间变化的状态。如图 12.1 所示，将一定量的气体置入绝热的汽缸中，经过足够长的时间后，气体的状态参量 p_1、V_1、T_1 不再随时间发生变化，此时气体即处于平衡态 A。若活塞运动使气体的体积由 V_1 变为 V_2，且活塞的运动足够缓慢，则气体在体积变化过程中每一时刻的状态参量均为确定值，每个中间态均可近似视为平衡态，则气体由状态 $A(p_1,V_1,T_1)$到状态 $B(p_2,V_2,T_2)$所经历的变化过程就是准静态过程。准静态过程是理想过程，较缓慢的实际过程可近似为准静态过程。

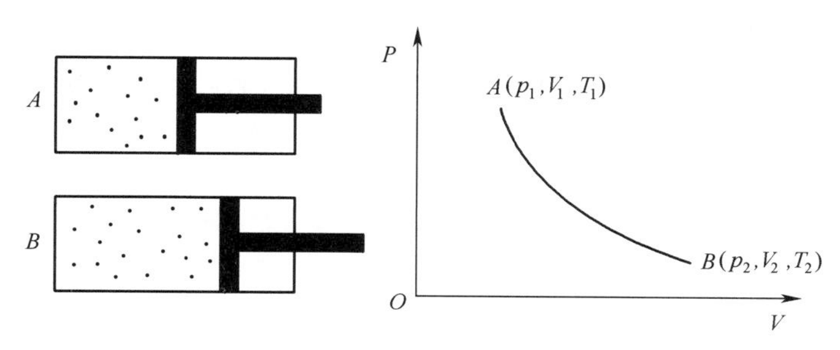

图 12.1 气体的平衡态和准静态过程

气体的每一个平衡态均对应一组确定的(p,V,T)，在 $P-V$ 图上对应一个确定的点，如图 12.1 所示 A、B 两点分别表示气体的两个平衡态。曲线 AB 表示气体由状态 $A(p_1,V_1,T_1)$ 到状态 $B(p_2,V_2,T_2)$ 的变化过程，A、B 两状态分别表示变化过程的始、末平衡态。

12.1.3 理想气体的物态方程

处于平衡态的气体，物态参量(p,V,T)均有确定的值。一般情况下，当外界条件改变致使其中任意参量变化时，其他两个参量也会随之改变，参量之间满足一定的函数关系，即有：

$$f(p,V,T)=0$$

该函数关系称为气体的物态方程。

实验证实气体在温度不太低、压强不太高的情况下遵守三条实验定律：玻意耳定律、盖-吕萨克定律和查理定律。由上述三条定律与阿伏伽德罗定律可以得出理想气体的物态方程为：

$$pV=NkT \tag{12.1.1}$$

其中 $k=1.38\times10^{-23}(\mathrm{J\cdot K^{-1}})$ 为玻尔兹曼常量，N 为体积 V 中的气体分子数。

若 m、M 分别表示气体的质量和摩尔质量，N_A 为阿伏伽德罗常数，则气体物质的量为 $\nu=\dfrac{N}{N_A}=\dfrac{m}{M}$，故式（12.1.1）可写为：

$$pV=NkT=\nu N_AkT=\nu RT \tag{12.1.2}$$

其中 $R=N_Ak=8.31(\mathrm{J\cdot mol^{-1}\cdot K^{-1}})$ 为摩尔气体常量，故理想气体的物态方程也可表示为：

$$pV=\frac{m}{M}RT \tag{12.1.3}$$

若定义气体的分子数密度$n=\dfrac{N}{V}$，则式（12.1.1）可改写为：

$$p=nkT \tag{12.1.4}$$

式（12.1.4）表明，在相同温度和相同压强条件下，任何气体在相同的体积内所包含的分子数均相等。该结论为阿伏伽德罗定律。例如在标准状态下$p=1.013\times10^{5}(\mathrm{N\cdot m^{-2}})$，$T=273.15(\mathrm{K})$，任何理想气体的分子数密度均为$n=2.68676\times10^{25}(\mathrm{m^{-3}})$。

12.2 气体分子热运动

12.2.1 气体的组成

气体、液体和固体均由大量分子或原子组成，并且1mol的任何物质含有的分子数目均为阿伏伽德罗常数，即$N_A=6.0221367\times10^{23}$（$\mathrm{mol^{-1}}$）。由电子显微镜可以清晰地看到固体材料表面大量原子的排列，说明物体是由大量原子组成的。

组成物体的分子或原子之间具有一定间隙，例如液态的水和液体酒精混合后，其体积小于二者体积之和，说明液体分子之间存在间隙。一定质量的气体可以充满不同容积的容器，表明其体积容易改变，即气体分子之间也存在间隙。

12.2.2 分子的热运动

打开一瓶香水，在较远的地方就能够感觉到其香味，说明香水挥发成的气体分子在运动。将墨水滴在纯净水中，会观察到墨水在液体中不断扩散，这正是液体分子运动的结果。若将两块不同材质接触面光滑的金属压在一起，经过较长时间后，会在每个光滑的接触面上发现两种金属成分，表明固体分子也在运动。

显微镜下观察悬浮在液体表面的微小颗粒，可以发现均在永不停歇地运动，单独观察任何一个小颗粒，其运动均为无规则运动。若每隔一定时间间隔记录该颗粒的位置，会得到杂乱无章的运动路径，该路径显示出分子运动的无序性，称为**布朗运动**。布朗运动是分子热运动的反映，液体分子在相互碰撞过程中不断改变运动方向和速率大小，悬浮在其表面的微小颗粒受到来自各个方向的冲击力，致使小颗粒的速率大小和运动方向不断改变，布朗运动的无序性，实质是分子热运动无序性的反映，其剧烈程度随温度的升高而增强，反映分子运动随温度升高而加剧，因此分子的无序运动又称为分子热运动。

12.2.3 分子间的相互作用力

固体分子、液体分子可以聚集在一起保持一定的形状，不因分子的热运动分散开来，是因为分子之间存在吸引力。固体、液体都很难被压缩，则说明分子间除引力外还存在排斥力，分子之间的引力、斥力统称为分子力。如图 12.2 所示，分子力与分子之间的距离 r 有关，当两个分子中心间距为 $r_0 \approx 10^{-10}$（m）时，分子力为零，称 r_0 为分子间的平衡距离。当分子间距 r 大于 r_0 时，分子力表现为引力。当分子间距离 r 小于 r_0 时，分子力表现为斥力，且其大小随 r 的减小迅速增大。但当分子间距 r 大于10^{-9}（m）时，分子间的作用力小到可以忽略不计。

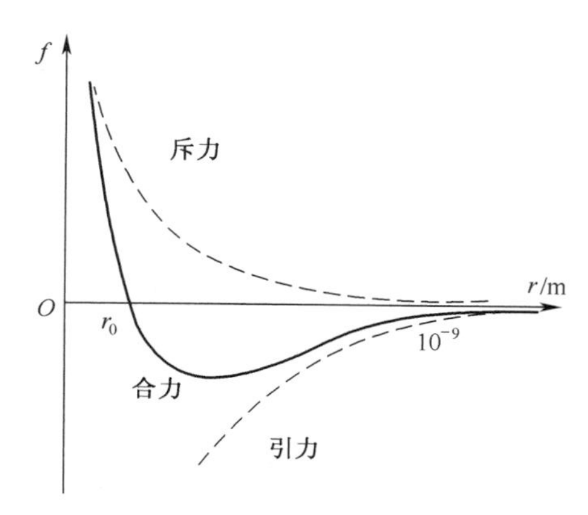

图 12.2　分子力与分子之间距离的关系

物质在不同情况下具有不同的物理状态，实际是分子力和热运动两种作用对立统一的结果。例如在低温情况下，水分子在分子力的作用下被束缚在各自的平衡位置附近做微小振动，这时水的存在形式为固态的冰，即分子力使分子聚集在一起，形成有规律的空间分布，即分子的有序排列，分子的热运动则破坏这种有序排列，使分子无序。若温度升高，水分子热运动加剧，这时水以液态的形式存在。若温度继续升高，水分子分散远离，水分子做自由运动，这时水就以水蒸汽的形式存在。

综上所述，**分子动理论**的基本观点为：一切宏观物体均由大量分子组成，分子都在永不停息的做无序热运动，分子间存在相互作用力。

12.3　理想气体的压强和温度

理想气体的压强和温度是描述理想气体性质的宏观物理量，是大量气体分子微观量的统计平均值。以下将由分子动理论的基本观点出发，讨论理想气体的微观结构，从而给出理想气体的压强和温度的微观实质。

12.3.1　理想气体的微观模型

从宏观角度来看，当压强不太大、温度不太低时，气体比较稀薄，此时的实际气体就可以视为理想气体。

理想气体由大量气体分子组成，理想气体的微观模型为：

（1）分子本身的大小与分子间的平均距离相比可以忽略不计，分子可视为质点；

（2）除碰撞外，分子间的相互作用可忽略不计。气体分子的连续两次碰撞之间，其运动可视为匀速直线运动；

（3）分子间的碰撞及分子与器壁间的碰撞是完全弹性碰撞。

于是可知，理想气体可视为自由地、无规则运动的刚性小球的集合。

12.3.2　理想气体的统计假设

由于容器内大量气体分子的频繁碰撞，分子的运动杂乱无章，但是大量分子的运动却遵从一定的统计规律，这种大量偶然事件遵守的规律称为**统计规律**。

为了导出理想气体的压强公式，提出两条假设如下：

（1）气体处于平衡态时，忽略重力的影响，分子在空间均匀分布，容器内气体分子数密度 $n=\dfrac{N}{V}$；

（2）气体处于平衡态时，分子沿各个方向运动的概率相等。分子在 x、y、z 坐标轴的速度分量平方的平均值相等，即有：

$$\overline{v_x^2}=\overline{v_y^2}=\overline{v_z^2} \tag{12.3.1}$$

由于分子速率 v 满足关系：

$$v^2=v_x^2+v_y^2+v_z^2$$

取平均值得：

$$\overline{v^2}=\overline{v_x^2}+\overline{v_y^2}+\overline{v_z^2}$$

因此有：

$$\overline{v_x^2}=\overline{v_y^2}=\overline{v_z^2}=\frac{1}{3}\overline{v^2} \tag{12.3.2}$$

上述两条假设是统计平均结果，且只对大量分子组成的气体适用，气体的分子数越多，其准确度越高。以下将从理想气体微观模型出发，运用统计平均的方法，在上述两条统计假设的基础上推导理想气体压强公式。

12.3.3　理想气体的压强公式

设有边长为 x 、 y 、 z 的长方形容器，其中充满 N 个相同的理想气体分子，分子的质量为 m_0 ，忽略重力的影响。由于气体处于平衡态，故气体内各处的压强均相等。如图 12.3 所示，以与 x 轴垂直的器壁 A 为例讨论气体的压强。

任取一个气体分子，设该分子以速度 $\boldsymbol{v}$ 与器壁 A 发生弹性碰撞，之后以同样大小的速率反弹。碰撞过程分子受到器壁 $-x$ 方向的作用力，分子在 x 方向动量的增量为 $\Delta p=-2m_0v_x$ ，由动量定理知，分子动量的增量等于器壁对分子作用力的冲量。

由牛顿第三定律知，分子对器壁作用力的冲量沿 $+x$ 方向，力的方向为 $+x$ 方向。一次碰撞完成后，分子返回与位于 zOy 平面的器壁碰撞，碰撞后再沿 $+x$ 方向运动，与器壁 A 再次碰撞。单位时间内该分子与器壁 A 的碰撞次数为 $\Delta n=\dfrac{v_x}{2x}$，单位时间内该分子对器壁 A 的总冲量在数值上等于单位时间内分子对器壁的平均作用力：

$$\overline{F}_1\cdot 1=\Delta n\Delta p'=2m_0v_x\frac{v_x}{2x}=\frac{m_0v_x^2}{x} \tag{12.3.3}$$

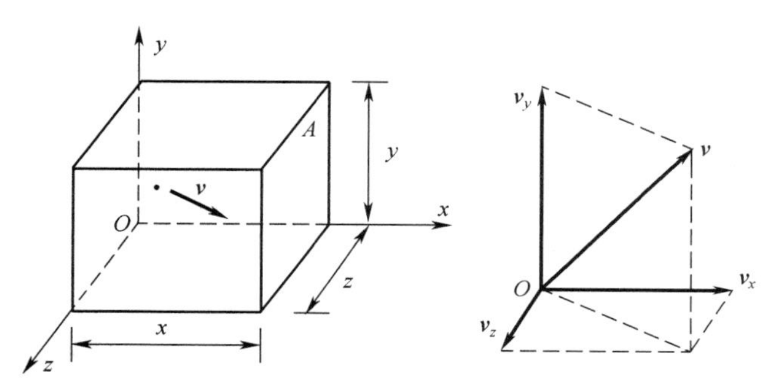

图 12.3　气体动理论压强公式的推导

容器内 N 个气体分子对器壁 A 的总平均作用力 $\overline{F}$ 的大小应等于 N 个分子施加于器壁 A 的平均作用力 $\overline{F_1},\cdots\overline{F_i},\cdots,\overline{F_N}$ 的总和，即有：

$$\overline{F}=2m_0v_{1x}\frac{v_{1x}}{2x}+2m_0v_{2x}\frac{v_{2x}}{2x}+\cdots+2m_0v_{Nx}\frac{v_{Nx}}{2x}$$

其中 $v_{1x},v_{2x},\cdots,v_{Nx}$ 是容器内所有分子的速度沿 Ox 轴的分量，故器壁 A 上的压强为：

$$\begin{aligned}P&=\frac{F}{yz}\\&=\frac{1}{yz}\left[2m_0v_{1x}\frac{v_{1x}}{2x}+2m_0v_{2x}\frac{v_{2x}}{2x}+\cdots+2m_0v_{Nx}\frac{v_{Nx}}{2x}\right]\\&=\frac{m_0}{xyz}\left[v_{1x}^2+v_{2x}^2+\cdots+v_{Nx}^2\right]\end{aligned}$$

$$P=\frac{Nm_0}{xyz}\left[\frac{v_{1x}^2+v_{2x}^2+\cdots+v_{Nx}^2}{N}\right] \tag{12.3.4}$$

由气体的统计假设式（12.3.2）和气体分子数密度 $n=\dfrac{N}{V}=\dfrac{N}{xyz}$，可得气体的压强为：

$$P=\frac{1}{3}nm_0\overline{v^2}=\frac{2}{3}n\left(\frac{1}{2}m_0\overline{v^2}\right) \tag{12.3.5}$$

令 $\overline{\varepsilon_k}=\frac{1}{2}m_0\overline{v^2}$ 为气体分子的平均平动动能，则理想气体的压强为：

$$P=\frac{2}{3}n\overline{\varepsilon_k} \tag{12.3.6}$$

式（12.3.6）即为理想气体压强公式，是气体动理论的基本公式之一。容器内气体分子的运动导致对器壁产生压强，并且压强的大小正比于气体的分子数密度 n 和分子的平均平动动能 $\overline{\varepsilon_k}$ 。容器中单位体积内的分子数越多，分子的平均平动动能越大，器壁所受到的压强就越大。若讨论少数气体分子对器壁碰撞产生的压强，则没有任何意义，虽然压强产生于气体的碰撞，但却是大量分子碰撞的统计平均效应。

12.3.4　理想气体的温度公式

比较理想气体压强式（12.3.6）与理想气体物态方程式（12.1.4）得到

$$\overline{\varepsilon_k}=\frac{1}{2}m_0\overline{v^2}=\frac{3}{2}kT \tag{12.3.7}$$

式（12.3.7）反映了理想气体分子的 ε_k 与 T 之间的关系。该式把分子微观量的统计平均值 $\overline{\varepsilon_k}$ 和宏观量温度 T 联系起来，温度是大量分子热运动的集体表现，与压强一样具有统计意义。处于平衡态的理想气体，分子的平均平动动能和温度成正比，气体的温度越高，气体分子的平均平动动能越大，气体分子热运动的程度就越剧烈。故气体的温度是气体分子热运动剧烈程度的量度，此即温度的微观实质。

设有两种气体分别处于平衡态，若两者温度相同，则由式（12.3.7）得到两种气体分子的平均平动动能必然相等，反之亦然。

例题 12.3.1　设理想气体置于温度 300（K）、体积 1（m^3）的容器中，若压强为标准大气压，试求其分子数密度，气体分子的总平均平动动能。

解：由理想气体物态方程可知，在气体温度、压强确定的条件下，气体的分子数密度为确定值，若体积也确定，则分子数可求。温度确定，气体分子的 $\overline{\varepsilon_k}$ 也确定，于是气体分子的总平均平动动能可求。

由 $p=nkT$ 得气体分子数密度为：

$$n=\frac{p}{kT}=\frac{1.013\times10^5}{1.38\times10^{-23}\times300}=2.45\times10^{25}$$

$1m^3$ 的体积内气体分子的分子数为：

$$N=nV=2.45\times10^{25}\times1=2.45\times10^{25}$$

而气体分子的平均平动动能为：

$$\overline{\varepsilon_k}=\frac{3}{2}kT$$

故 $1m^3$ 的体积内气体分子的总平均平动动能为：

$$\overline{E} = N\overline{\varepsilon_k} = 2.45\times10^{25}\times\frac{3}{2}\times1.38\times10^{-23}\times300 = 1.52\times10^{5}\ \text{（J）}$$

12.4 能量均分定理　理想气体的内能

12.4.1 自由度

由理想气体微观模型可知，理想气体的单原子分子可视为质点，其运动状态只有平动，则单原子分子的平均能量也就只有平均平动动能，且有 $\overline{\varepsilon_k} = \overline{\varepsilon_{kt}} = \frac{3}{2}kT$ ，气体分子处于平衡态时，沿任何一个方向的运动概率相同，速度的平均值相等，因此有：

$$\frac{1}{2}m_0\overline{v_x^2} = \frac{1}{2}m_0\overline{v_y^2} = \frac{1}{2}m_0\overline{v_z^2} = \frac{1}{3}\overline{\varepsilon_{kt}} = \frac{1}{2}kT \qquad (12.4.1)$$

于是讨论大量单原子分子的热运动问题时，可以仅考虑分子的平动。但是除单原子分子外，一般分子都具有较复杂的结构，不能简单的视为质点。故分子的热运动除平动外，还有转动，以及分子内原子间的振动。而分子的热运动能量也应把这些运动形式的能量都包括在内。为了研究这些问题，首先引入自由度概念。

把确定物体的位置所需要的独立坐标的数目，称为物体的**自由度**。例如在空中自由飞翔的小鸟若视为质点，则需要三个独立变量描述其运动，所以小鸟具有 3 个自由度。刚体除平动外还可能存在转动，而刚体的一般运动可视为质心的平动和刚体绕通过质心的轴线转动的叠加。因此除需要三个独立变量描述质心的运动外，还需要三个独立变量描述刚体绕轴的转动，故刚体具有 6 个自由度，其中有 3 个平动自由度和 3 个转动自由度。当刚体受到某种限制时，其自由度数就会相应的减少。

由理想气体微观模型可将单原子分子看成质点，故共有 3 个自由度。刚性双原子分子可看成两个保持一定距离的质点，类似哑铃，共有 5 个自由度。刚性多原子分子，只要各原子不是线性排列，可以看作自由刚体，共有 6 个自由度。但是，当温度较高时，双原子分子或多原子分子不能视为刚体，这时原子之间的距离会因振动而发生变化，因而除平动和转动外，此时还应考虑振动自由度。表 12.1 描述了分子的自由度和能量的关系。

12.4.2 能量均分定理

气体处于平衡态时，分子任何一个自由度的平均能量都相等，均为 $\frac{1}{2}kT$ 。这就是能量按自由度均分定理，简称**能量均分定理**。能量均分定理反映了分子热运动能量遵守的统计规律，是对大量分子统计平均的结果。对于组成气体的个别分子来说，任一瞬间其各种形式的动能及总能量，都可能与能量均分定理所确定的平均值有较大差别，并且每个自由度的能量也不一定相等。但对于大量分子的集体来说，由于分子间的频繁碰撞，能量在各分子间以及各自由度之间发生相互交换和转移。能量分配较多的自由度，碰撞中向其他自由度转移能量的概率就比较大，故在气体达到平衡态时，能量就被平均地分配到每个自由度。能量按自由度均分定理不仅适用于气体，对于液体和固体也同样适用。

表 12.1　分子的自由度和能量

分子类型	单原子分子	双原子分子		三原子分子	
		刚性	非刚性	刚性	非刚性
自由度 i	3	5	7	6	12
分子平均能量 $\bar{\varepsilon}$	$\frac{3}{2}kT$	$\frac{5}{2}kT$	$\frac{7}{2}kT$	$3kT$	$6kT$
1 摩尔理想气体内能 E	$\frac{3}{2}RT$	$\frac{5}{2}RT$	$\frac{7}{2}RT$	$3RT$	$6RT$

12.4.3　理想气体的内能

气体分子除具有平动动能、转动动能以及分子内部原子的振动动能和振动势能外，分子间还有势能。气体各分子拥有的总能量再加上分子间相互作用势能的总和称为气体的**内能**。

由理想气体微观模型可知，其分子间除碰撞瞬间外，没有相互作用力，不存在分子间的势能，故理想气体的内能仅是分子各种运动形式的能量和分子内原子间的作用势能之和。

对于 1（mol）理想气体而言，其分子数目为 N_A，若分子的自由度为 i，则 1mol 气体分子的内能就等于所有气体分子的平均能量总和，即有：

$$E = N_A \bar{\varepsilon} = N_A i \frac{1}{2} kT = \frac{i}{2} N_A kT = \frac{i}{2} RT \tag{12.4.2}$$

若气体物质的量为 ν，则该气体的内能为：

$$E = \nu \frac{i}{2} RT \tag{12.4.3}$$

由式（12.4.3）可以看出：理想气体内能不仅与温度有关，还与气体分子的自由度有关。对于理想气体，内能仅是温度的单值函数 $E = E(T)$，当温度改变时，气体的内能也相应发生改变，改变量为：

$$\mathrm{d}E = \nu \frac{i}{2} R\mathrm{d}T \tag{12.4.4}$$

12.5 麦克斯韦气体分子速率分布律

12.5.1 测定气体分子速率的实验

每时每刻气体分子都在做无规则的热运动，数目巨大的分子在运动过程中发生频繁碰撞，使气体分子的速度时刻发生变化。任取一个分子观察，该分子与其他分子的碰撞是偶然的，任何时刻其速率的取值分布在 0 到∞之间无法预知。但就大量分子整体而言，气体分子的速率分布遵守一定规律。早在 1859 年，麦克斯韦就用概率论的观点论证了平衡状态下理想气体的分子速率分布规律。1920 年史特恩（Stern，1888～1969 年）用实验证实了气体分子速率分布规律的正确性。

测定分子速率分布的实验装置如图 12.4 所示，整个装置放在高真空容器中，其中 A 为金属蒸气源，S 为固定狭缝，蒸气源产生的分子通过狭缝形成一条很窄的分子射线，B、C 为两个相距为 L 的共轴圆盘，盘上各开一个狭缝，两狭缝形成一定夹角 θ，D 为分子射线接收器。

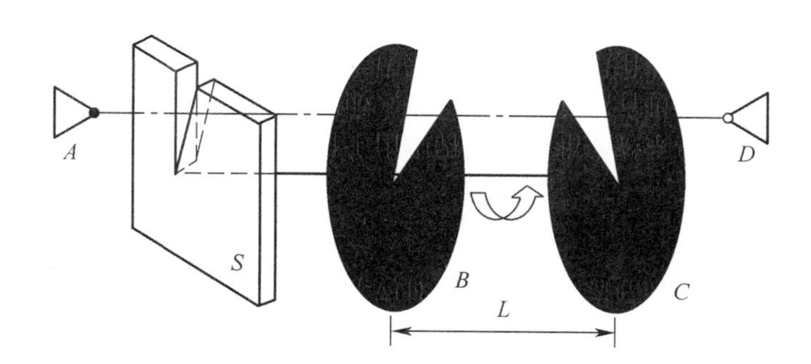

图 12.4　测定气体分子速率分布的实验装置

当两个同轴圆盘以角速度 ω 匀速旋转时，并非所有分子都能通过 B 和 C，只有速率满足一定条件的分子才能通过而被接受器 D 接收，该速率为：

$$v = \frac{\omega}{\theta} l$$

由此可见圆盘 B、C 起到速率筛选器的作用。当改变圆盘转动角速度时，就可使不同速率的分子通过。考虑到狭缝具有一定宽度，对应确定的角速度，通过 B、C 被 D 接受到的分子速率具有一定范围 $v \sim v + \mathrm{d}v$，改变圆盘的转动角速度，D 接收到的分子数不同。使圆盘的角速度分别为 $\omega_1, \omega_2, \omega_3, \cdots$ 测出分子射线中速率在不同速率区间内的分子数为 ΔN_1，ΔN_2，…，占总分子数 N 的百分比，于是可以得到如图 12.5 所示的分子速率分布规律。

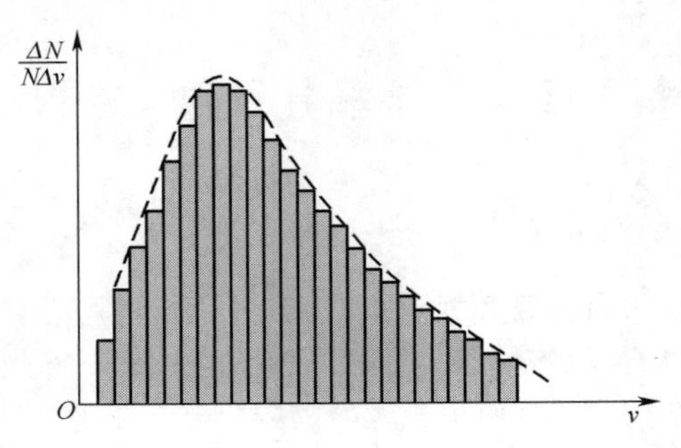

图 12.5　气体分子速率分布图

12.5.2　麦克斯韦气体分子速率分布率

由气体分子速率测定实验可测出分子速率分布，当速率间隔 $\Delta v \to 0$ 时，单位速率区间的分子数占总分子数的百分比为 v 的连续函数，该函数称为**速率分布函数**，表示为：

$$f(v) = \frac{1}{N}\lim_{\Delta v \to 0}\frac{\Delta N}{\Delta v} = \frac{1}{N}\frac{\mathrm{d}N}{\mathrm{d}v} \tag{12.5.1}$$

其中 N 为分子总数，$\mathrm{d}N$ 为速率在 v 到 $v+\mathrm{d}v$ 内的分子数，故有：

$$\frac{\mathrm{d}N}{N} = f(v)\mathrm{d}v$$

其中 $f(v)$ 为气体分子的速率分布函数。其物理意义为：在某一速率附近分布在单位速率区间内的气体分子数占总分子数的比率。

1859 年麦克斯韦论证明了平衡态下，理想气体分子的速率分布函数为：

$$f(v) = 4\pi\left(\frac{m_0}{2\pi kT}\right)^{\frac{3}{2}} v^2 \mathrm{e}^{-\frac{m_0 v^2}{2kT}} \tag{12.5.2}$$

其中 T 为气体的热力学温度，m_0 为一个分子的质量，k 为波尔兹曼常数。

如图 12.5 所示，小矩形面积表示速率在 $v \to v+\mathrm{d}v$ 的分子数占总分子数的百分比。曲线下所围面积的总和为速率从零到无限大的分子数占总分子数的百分比，显然有：

$$\int_0^\infty f(v)\mathrm{d}v = 1 \tag{12.5.3}$$

式（12.5.3）称为分布函数必须满足的**归一化条件**。

12.5.3　理想气体的三种统计速率

1. 最概然速率

由麦克斯韦速率分布函数描述的速率分布曲线可知，速率分布函数有一极大值，此极大值所对应的速率称为**最概然速率**，用 v_p 表示，其物理意义为：分子在

一定温度下分布在最概然速率附近的概率最大，即速率在 v_p 附近的分子数目最多。运用求极值的方法对式（12.5.2）两边求导得 $\left.\frac{\mathrm{d}f(v)}{\mathrm{d}v}\right|_{v=v_p}=0$，可求出气体的最概然速率为：

$$v_p=\sqrt{\frac{2kT}{m_0}}=1.41\sqrt{\frac{kT}{m_0}}=1.41\sqrt{\frac{RT}{M}} \qquad (12.5.4)$$

其中 M 为气体的摩尔质量。气体温度发生变化时 v_p 也变化，由式（12.5.2）及归一化条件可知，速率分布也随之变化，如图 12.6 所示。

2. 平均速率

大量分子速率的算数平均值称为**平均速率**，以 $\overline{v}$ 表示，速率分布在 v 到 $v+\mathrm{d}v$ 内的分子数为：$\mathrm{d}N=Nf(v)\mathrm{d}v$，用 $v\mathrm{d}N=Nvf(v)\mathrm{d}v$ 表示 $\mathrm{d}N$ 个分子的速率总和，所有分子速率的总和为 $\int_0^\infty Nvf(v)\mathrm{d}v$，由此得到气体分子的平均速率为：

$$\overline{v}=\frac{1}{N}\int_0^\infty Nvf(v)\mathrm{d}v=\int_0^\infty vf(v)\mathrm{d}v \qquad (12.5.5)$$

将式（12.5.2）代入上式得到：

$$\overline{v}=\sqrt{\frac{8kT}{\pi m_0}}=1.60\sqrt{\frac{kT}{m_0}}=1.60\sqrt{\frac{RT}{M}} \qquad (12.5.6)$$

3. 方均根速率

大量分子无规则运动速率平方的平均值的平方根称为**方均根速率**，以 $\sqrt{\overline{v^2}}$ 表示。由 $\overline{v^2}=\int_0^\infty v^2f(v)\mathrm{d}v$ 计算可以得到理想气体的方均根速率为：

$$\sqrt{\overline{v^2}}=\sqrt{\frac{3kT}{m_0}}=1.73\sqrt{\frac{RT}{M}} \qquad (12.5.7)$$

可以看出气体的三种速率均与 $\sqrt{T}$ 成正比，均与 $\sqrt{M}$ 成反比，即三种速率均随温度的升高而增加，随摩尔质量的增大而减小。如图 12.6 所示，三种速率的关系为 $\sqrt{\overline{v^2}}>\overline{v}>v_p$。

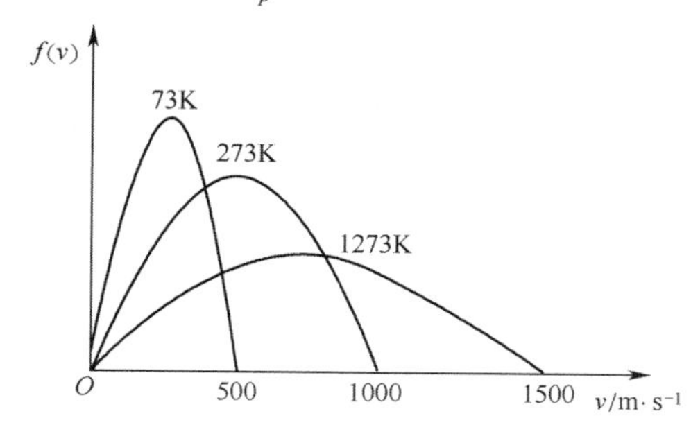

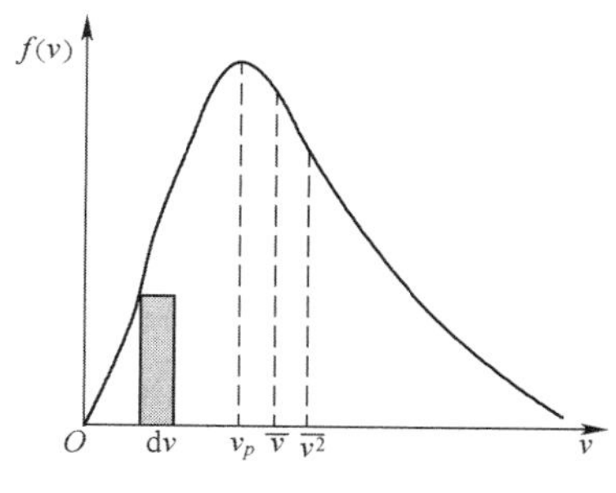

图 12.6　理想气体的三种速率及不同温度下的速率分布

12.6　气体分子平均碰撞次数及平均自由程

室温条件下气体分子的运动速度与空气中的声速相当。然而，当顾客坐在餐厅里等待服务员上菜时，顾客并没有立刻捕获到食物的香味。其原因就是气体分子在运动过程中频繁与其他分子碰撞，分子的运动是折线而不是简单的直线。本节内容将重点讨论气体分子间的碰撞问题。

12.6.1　平均碰撞频率

单位时间内分子与其他分子碰撞的平均次数称为分子的**平均碰撞频率**，用 $\overline{Z}$ 表示。影响 $\overline{Z}$ 的因素可用图 12.7 所示的简单模型说明，任选一个气体分子跟踪，考虑单位时间内该分子与其他分子的碰撞情况，设该分子的平均速率为 $\overline{v}$，其他分子均静止，可求得 Δt 内该分子与其他分子发生的碰撞次数。

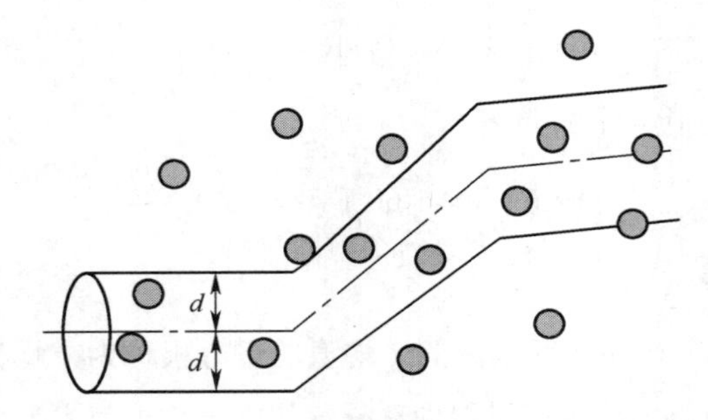

图 12.7　气体分子的碰撞模型

设分子的有效直径为 d ，在分子的运动过程中，只有在与其间距小于 d 的圆柱形体积空间内的分子，才能与其发生碰撞。Δt 时间内分子运动的平均距离为 $\overline{v}\cdot\Delta t$ ，相应圆柱体的体积为 $V=(\pi d^2)(\overline{v}\cdot\Delta t)$ ，分子发生碰撞的次数即为该体积内的分子数目，则平均碰撞频率为：

$$\overline{Z}=\frac{n\cdot V}{\Delta t}=n\pi d^2\overline{v}$$

由于在计算过程中假设了其他分子均静止，因此实际平均碰撞频率可修正为：

$$\overline{Z}=\sqrt{2}n\pi d^2\overline{v} \qquad (12.6.1)$$

12.6.2　平均自由程

分子连续两次碰撞间所经历路程的平均值称为分子的**平均自由程**，用 $\overline{\lambda}$ 表示。平均自由程和平均碰撞频率间存在如下关系：

$$\overline{\lambda}=\frac{\overline{v}}{\overline{Z}}$$

代入平均碰撞频率式（12.6.1）得：

$$\overline{\lambda}=\frac{1}{\sqrt{2}n\pi d^2} \tag{12.6.2}$$

上式表明：平均自由程和分子的碰撞截面、分子数密度成反比，而与分子的平均速率无关。由理想气体物态方程 $p=nkT$ 可以得到，平均自由程为 $\overline{\lambda}=\frac{kT}{\sqrt{2}\pi d^2 p}$，温度一定时，气体的压强越大，分子的平均自由程越短，反之，气体的压强越小，分子的平均自由程越长。

习题 12

12.1　质量为 $2.0\times10^{-2}(\mathrm{kg})$ 的氢气装在容积为 $4.0\times10^{-3}(\mathrm{m^3})$ 的容器中，当容器中的压强为 $3.90\times10^{5}(\mathrm{Pa})$ 时，试求氢气分子的平均平动动能。

12.2　试分别计算温度为 273（K）和 373（K）理想气体分子的平均平动动能。若分子平均平动动能为 $1.6\times10^{-19}(\mathrm{J})$，试求气体温度。

12.3　容积为 $2.0\times10^{-3}(\mathrm{m^3})$ 的容器中，置有分子总数为 5.4×10^{22} 个，内能为 $6.75\times10^{2}\,\mathrm{J}$ 的刚性双原子分子的理想气体。试求：

（1）气体的压强；

（2）分子平均平动动能及气体的温度。

12.4　容器内储有 1（mol）的某种气体，现输入 $2.09\times10^{2}(\mathrm{J})$ 的热量，测得其温度升高 10（K），试求该气体分子的自由度。

12.5　设密封房间的体积为 $5\times3\times3(\mathrm{m^3})$，室温为 20℃，求房间内空气分子热运动的平均平动动能的总和。若室温升高 1.0（K），试求气体内能的变化量和气体分子方均根速率的增加量。已知空气的密度 $\rho=1.29(\mathrm{kg\cdot m^{-3}})$，摩尔质量 $M_{\mathrm{mol}}=29\times10^{-3}(\mathrm{kg\cdot mol^{-1}})$，且空气分子可视为刚性双原子分子。

12.6　水蒸气分解为同温度 T 的氢气和氧气，即有 $\mathrm{H_2O}\rightarrow\mathrm{H_2}+\frac{1}{2}\mathrm{O_2}$，设 1（mol）的水蒸气分解为同温度的 1（mol）的氢气和 1/2（mol）的氧气，若不计振动自由度，试求此过程中气体内能的增量。

12.7　已知温度为 27℃的气体作用于器壁上的压强为 $10^{5}(\mathrm{Pa})$，试求此气体分子数密度。

12.8　温度为 290（K）、容积为 $11.2\times10^{-3}(\mathrm{m^3})$ 的真空系统，设其真空度为 $1.33\times10^{-3}(\mathrm{Pa})$，为了进一步提高其真空度，将该系统放入 573（K）的烘箱内烘烤，使得吸附于器壁的气体分子释放出来。烘烤后真空系统的压强为 $1.33(\mathrm{Pa})$，试求器壁原来吸附的分子数。

12.9　压强为 $1.27\times10^{7}(\mathrm{Pa})$ 的氧气瓶的容积为 $32\times10^{-3}(\mathrm{m^3})$，为避免经常洗

瓶，氧气厂规定压强降到9.8×10^5(Pa)时应重新充气。某小型吹玻璃车间，平均每天使用9.8×10^4(Pa)压强下的氧气400×10^{-3}(m^3)，设使用过程中温度不变，试求一瓶氧气使用的天数。

12.10　若真空设备可达到的真空度为10^{-10}(Pa)，试求在此压强下温度为 300（K）时的分子数密度。

12.11　2×10^{-3}(kg) 的氢气装在 20×10^{-2}(m^3) 的容器内，当容器内压强为3.94×10^4(Pa)时，试求氢气分子的平均平动动能。

12.12　温度为 300（K）时，试求 1（mol）氧气的分子平动动能和分子转动动能。

12.13　温度为 273（K）时，试求7×10^{-3}(kg) 氮气的内能，以及分子平均平动动能和分子平均转动动能。

12.14　设容器被中间隔板分成体积相等、压强均为P_0的两部分，一部分置有温度为250（K）的氦气，另一部分置有温度为310（K）的氧气。试求抽去隔板后的混合气体温度和压强。

12.15　储有氧气的容器以速度$v=100(\mathrm{m\cdot s^{-1}})$运动，若该容器突然停止，全部定向运动的动能均转变为气体分子热运动的动能，试求容器中氧气的温度增量。

12.16　温度为275(K)、压强为1.00×10^3(Pa) 的气体密度为$\rho=1.24\times10^{-2}(\mathrm{kg\cdot m^{-3}})$，试求气体分子的方均根速率$\sqrt{v^2}$、气体摩尔质量$\mu$，并指出为何种气体。

12.17　已知$f(v)$是麦克斯韦分子速率分布函数，说明以下各式的物理意义。

（1）$f(v)\mathrm{d}v$；

（2）$nf(v)\mathrm{d}v$

（3）$\int_{v_1}^{v_2} vf(v)\mathrm{d}v$；

（4）$\int_0^{v_p} f(v)\mathrm{d}v$

（5）$\int_{v_p}^{\infty} v^2 f(v)\mathrm{d}v$。

12.18　容器贮有压强为1.013×10^5(Pa)、温度为 300（K）的氧气，设分子的有效直径为$d=2.9\times10^{-10}$(m)，试求：

（1）分子数密度n；

（2）氧分子质量m；

（3）气体密度ρ；

（4）分子间平均距离l；

（5）最概然速率v_p；

（6）分子平均速率$\overline{v}$；

（7）分子方均根速率$\sqrt{v^2}$；

（8）分子平均总动能$\bar{\varepsilon}$；

（9）分子平均碰撞频率$\bar{Z}$；

（10）分子平均自由程$\bar{\lambda}$。

12.19　试求温度为 300（K）时，氧分子的最概然速率、方均根速率及平均速率。

12.20　若电子管的真空度约为1.0×10^{-5}（mmHg），设气体分子的有效直径为3×10^{-10}（m），试求温度为 300（K）时单位体积的分子数、平均自由程及平均碰撞次数。

第 13 章　热力学基础

本章主要采用宏观方法研究热现象的基本规律，引入功、内能和热量等物理量，着重讨论热力学第一定律的意义及其在理想气体的等值过程、循环过程中的应用。最后介绍热机效率及其计算，以及热力学第二定律、熵和熵增加定律等内容。

13.1　热力学第一定律

13.1.1　准静态过程

热力学把所研究的宏观物体称为**热力学系统**，简称**系统**。系统状态随时间的变化称之为**热力学过程**。系统由一平衡态开始变化，平衡态就被破坏，要经过足够长时间，系统才能达到新的平衡态，这段时间称为**弛豫时间**。热力学过程可分为**准静态过程**和**非静态过程**。若系统在始末两个平衡态之间所经历的中间状态为平衡态，则该变化过程称为准静态过程。否则，称为非静态过程。实际热力学过程，若系统始末两平衡态间所经历的过程无限缓慢，其过程经历的时间远大于弛豫时间，这样的过程可以近似视为准静态过程。本章仅讨论准静态过程。

对于一定量的理想气体系统，可用 $p-V$ 图上一个点表示该系统的一个平衡态。当气体经历一个准静态过程时，就对应 $p-V$ 图上一条曲线。

13.1.2　功

以下仅讨论简单系统在准静态过程中由于体积变化对外界所做的功。

设气缸内的气体进行准静态膨胀过程，如图 13.1 所示，活塞的截面积为 s，气体的压强为 p。气体作用于活塞上的压力为 ps，当气体推动活塞向外缓慢移动距离 $\mathrm{d}x$ 时，气体对外界所做的元功为：

$$\mathrm{d}W = ps\mathrm{d}x = p\mathrm{d}V \tag{13.1.1}$$

其中 $\mathrm{d}V = s\mathrm{d}x$ 是气体体积 V 的增量。因此，当气体体积从初态的 V_1 变化到终态的 V_2 时，气体对外界所做的总功为：

$$W = \int_{V_1}^{V_2} p\mathrm{d}V \tag{13.1.2}$$

该总功的值等于如图 13.2 所示 $p-V$ 图中曲线下方阴影所示面积。应当注意，从状态 I 到状态 II 可以经历不同过程，过程曲线也不同，因此所做的功也不同。

这就是说，热力学过程系统所做的功不仅与系统的始末状态有关，而且与过程有关，因此功是过程量。

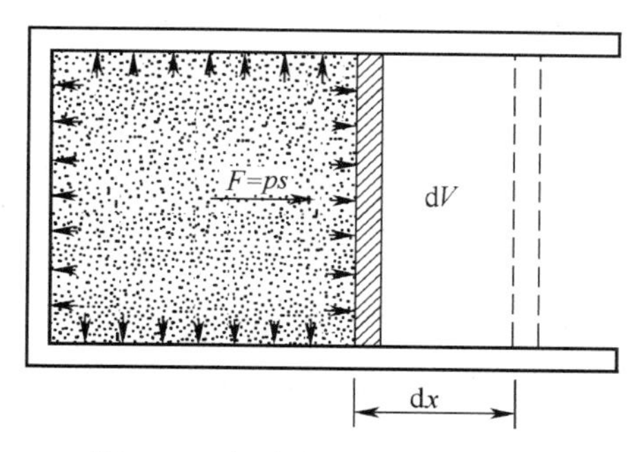

图 13.1　气体膨胀时对外界做功

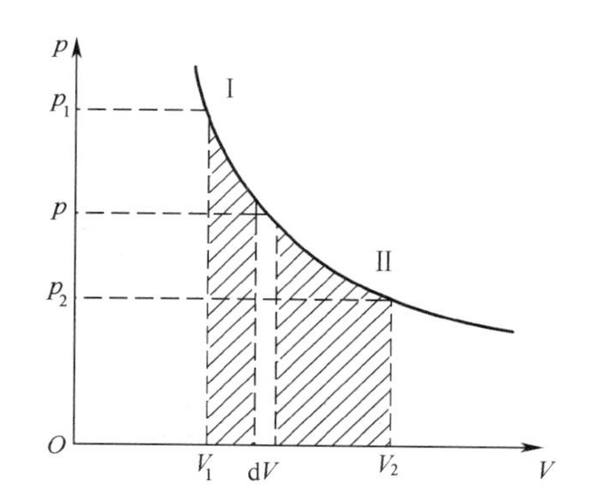

图 13.2　体积变化时气体对外界所做的功

13.1.3　热量

实验表明，除做功可以改变系统的状态外，热传递也可以改变系统的状态。例如高温物体与低温物体热接触，其温度均发生变化，表明其状态发生了变化，这就是通过热传递的方式改变了两者的状态。做功和热传递是能量传递的两种方式，做功是通过物体宏观位移完成的，是物体有规则的宏观运动与系统内分子无规则运动的能量转换，即机械运动与分子热运动之间的能量转换。热传递是通过分子间的相互碰撞完成的，是系统外分子无规则运动与系统内分子无规则运动能量的交换，是热运动能量的传递。系统与外界由于存在温差而传递的能量称为**热量**，用 Q 表示。

13.1.4　内能

热力学系统在一定状态下所具有的能量称为热力学系统的**内能**，是系统所有分子无规则热运动的动能和势能的总和。由于分子动能是温度的单值函数，而分子间的势能取决于分子间距，即有关于系统的体积，也就是说系统的内能是温度和体积的函数，而温度和体积均为状态参量，因此系统的内能是状态的单值函数。

13.1.5 热力学第一定律

热力学系统的状态变化，可以通过外界对系统做功完成，也可以通过热传递实现，也可以两者同时存在。设某一过程，系统从外界吸收热量 Q，对外界做功 W，同时系统内能由 E_1 增加到 E_2，由能量守恒定律得：

$$Q = E_2 - E_1 + W = \Delta E + W \tag{13.1.3}$$

即系统从外界吸收的热量，一部分使系统内能增加，一部分用于系统对外界做功，这就是**热力学第一定律**。规定：$Q > 0$ 表示系统从外界吸收热量，$Q < 0$ 表示系统向外界放出热量；$\Delta E > 0$ 表示系统内能增加，$\Delta E < 0$ 表示系统内能减少；$W > 0$ 表示系统对外界做正功，$W < 0$ 表示系统对外界做负功，或者说外界对系统做正功。

对于系统的微小变化过程，热力学第一定律可表述为：

$$\mathrm{d}Q = \mathrm{d}E + \mathrm{d}W \tag{13.1.4}$$

历史上曾有人企图制造一种机器，不需要任何动力或燃料，也不需要消耗系统的内能，却能源源不断地对外做功，此类机器称为**第一类永动机**。该类机器显然违背了热力学第一定律，不可能实现。因此热力学第一定律也可以表述为，第一类永动机不可能造成。

13.2 对理想气体应用热力学第一定律

热力学第一定律确定了系统在热力学过程中传递的热量、对外界做功和内能之间的关系，作为自然界的基本规律，对于气体、液体或固体均适用。本节将利用热力学第一定律，对理想气体的等值过程进行讨论。

13.2.1 等体过程 气体的摩尔定体热容

1. 等体过程

系统的体积保持不变的过程称为**等体过程**。例如储有一定量理想气体的气缸，将活塞固定，缓慢的给气体加热，使其温度上升，压强增大，这样的准静态过程就是理想气体的准静态等体过程。

由理想气体的物态方程可知，等体过程的过程方程为 $\dfrac{p}{T}=$ 常量，在 $p-V$ 图上等体过程曲线为平行于 p 轴的直线，如图 13.3 所示。等体过程中 $\mathrm{d}V = 0$，故 $\mathrm{d}W = 0$，由热力学第一定律得到：

$$\mathrm{d}Q_V = \mathrm{d}E \tag{13.2.1}$$

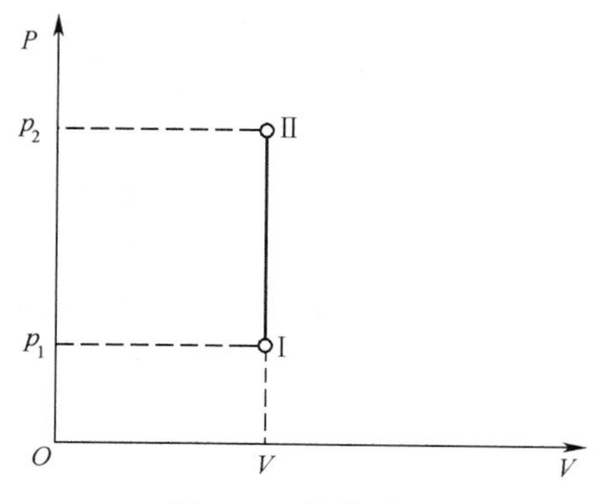

图 13.3　等体过程

对于有限等体过程，将式（13.2.1）积分得到：

$$Q_V = E_2 - E_1 \qquad (13.2.2)$$

式（13.2.1）、式（13.2.2）表明，等体过程中，气体吸收的热量全部用来增加自身的内能。

2. 摩尔定体热容

摩尔定体热容的定义为：1（mol）的理想气体在等体过程中，温度升高 1（K）所吸收的热量。摩尔定体热容的 SI 单位为（$\mathrm{J \cdot mol^{-1} \cdot K^{-1}}$）。设 ν（mol）的理想气体在等体过程温度升高 $\mathrm{d}T$ 时，所吸收的热量为 $\mathrm{d}Q_V$，则气体的摩尔定体热容为：

$$C_{V,m} = \frac{\mathrm{d}Q_V}{\nu \mathrm{d}T} \qquad (13.2.3)$$

于是有：

$$\mathrm{d}Q_V = \nu C_{V,m} \mathrm{d}T \qquad (13.2.4)$$

若等体过程中，气体的温度由 T_1 升高到 T_2，则所吸收的热量为：

$$Q_V = \nu C_{V,m}(T_2 - T_1) \qquad (13.2.5)$$

联立式（13.2.1）、（13.2.4）得：

$$\mathrm{d}Q_V = \mathrm{d}E = \nu C_{V,m} \mathrm{d}T$$

对理想气体有 $\mathrm{d}E = \frac{i}{2}\nu R \mathrm{d}T$，可得：

$$C_{V,m} = \frac{i}{2} R \qquad (13.2.6)$$

式（13.2.6）表明，理想气体的摩尔定体热容仅决于气体分子的自由度。

引入摩尔定体热容之后，等体过程的内能增量可表示为：

$$\Delta E = \nu C_{V,m}(T_2 - T_1) \qquad (13.2.7)$$

式（13.2.7）表明，一定量理想气体的内能增量仅与系统初、终态的温度有关，与状态变化的过程无关。

13.2.2 等压过程 气体的摩尔定压热容

1. 等压过程

系统的压强保持不变的过程称为**等压过程**。例如储有一定量理想气体的气缸，缓慢的给气体加热时，使气体温度上升体积增大，使得外界对活塞施加的压力保持不变，则气体体积膨胀过程，压强始终保持不变，这样的准静态过程称为理想气体的准静态等压过程。

由理想气体的物态方程可知，等压过程的过程方程为$\dfrac{V}{T}=$常量，在$p-V$图上，等压过程曲线是平行于V轴的直线，如图 13.4 所示。

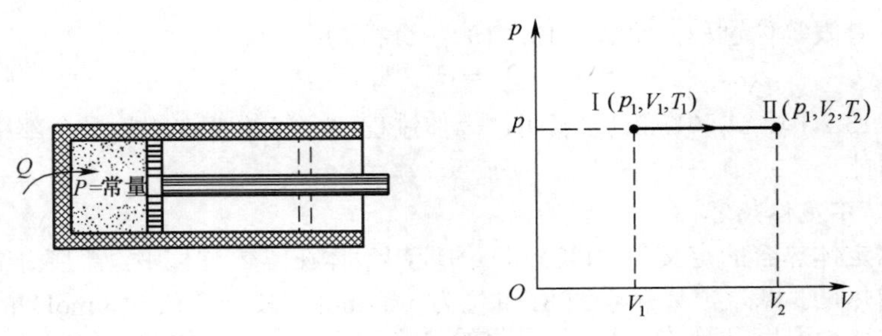

图 13.4 等压过程

等压过程气体对外界所做的功为：

$$W=\int_{V_1}^{V_2}p\mathrm{d}V=p(V_2-V_1) \tag{13.2.8}$$

将理想气体的物态方程代入上式得：

$$W=p(V_2-V_1)=\nu R(T_2-T_1)$$

等压过程内能的增量为：

$$\Delta E=\nu C_{V,m}\Delta T$$

将上述两式代入热力学第一定律得到：

$$Q_p=W+\Delta E=\nu R(T_2-T_1)+\nu C_{V,m}(T_2-T_1) \tag{13.2.9}$$

2. 摩尔定压热容

摩尔定压热容的定义为：1（mol）理想气体在等压过程中，温度升高 1（K）所吸收的热量。设ν（mol）的理想气体在等压过程中温度升高$\mathrm{d}T$时，所吸收的热量为$\mathrm{d}Q_p$，则气体的摩尔定压热容为：

$$C_{p,m}=\frac{\mathrm{d}Q_p}{\nu\mathrm{d}T} \tag{13.2.10}$$

于是有：

$$\mathrm{d}Q_p=\nu C_{p,m}\mathrm{d}T \tag{13.2.11}$$

若等压过程气体的温度由T_1升高到T_2，则所吸收的热量为：

$$Q_p = \nu C_{p,m}(T_2 - T_1) \tag{13.2.12}$$

将式（13.2.9）带入得：

$$C_{p,m} = C_{V,m} + R \tag{13.2.13}$$

式（13.2.13）称为迈耶公式，该式表明：等压过程中，1（mol）的理想气体温度升高1（K），比等体过程温度升高1（K）多吸收了8.31（J）的热量，并用于对外做功。

3. 摩尔热容比

通常将摩尔定压热容与摩尔定体热容之比称为摩尔热容比，以γ表示，则有：

$$\gamma = \frac{C_{p,m}}{C_{V,m}} = \frac{i+2}{i} \tag{13.2.14}$$

表13-1、表13-2分别给出了几种理想气体摩尔热容的理论值和实验值。由表中所提供数据可以看出，对于单原子分子、双原子分子组成的气体，其摩尔热容的理论值与实验值相近，对于多原子分子，其摩尔热容的理论值与实验值相差较大，说明建立在能量均分定理基础上的经典理论为近似理论，要解决此问题需要借助于量子理论。

表13-1　理想气体摩尔热容的理论值

气体	$C_{V,m}$（$J \cdot mol^{-1} \cdot K^{-1}$）	$C_{p,m}$（$J \cdot mol^{-1} \cdot K^{-1}$）	γ
单原子分子	12.47	20.78	1.67
刚性双原子分子	20.78	29.09	1.40
刚性多原子分子	24.93	33.24	1.33

表13-2　几种气体摩尔热容的实验值

气体	$C_{V,m}$（$J \cdot mol^{-1} \cdot K^{-1}$）	$C_{p,m}$（$J \cdot mol^{-1} \cdot K^{-1}$）	γ
单原子分子			
氦	12.5	20.9	1.67
氩	12.5	21.2	1.65
刚性双原子			
氢	20.4	28.8	1.41
氮	20.4	28.6	1.41
氧	21.0	28.9	1.40
刚性多原子			
甲烷	27.2	35.2	1.30
氯仿	63.7	72.0	1.13
乙醇	79.2	87.5	1.11

例题 13.2.1 设气缸内储有 1（mol）的氢气，在压强保持不变的条件下，其温度升高 120（K），试求：

（1）氢气吸收的热量；

（2）氢气的内能增量；

（3）氢气所做的功。

解：（1）将氢气视为刚性双原子分子构成的理想气体，其摩尔定压热容为：

$$C_{p,m}=\frac{7}{2}R=29.1(\mathrm{J\cdot mol^{-1}\cdot K^{-1}})$$

等压过程吸收的热量为：

$$Q_p=\nu C_{p,m}(T_2-T_1)=1\times29.1\times120=3.49\times10^3\ \text{（J）}$$

（2）氢气的摩尔定体热容为：

$$C_{V,m}=\frac{5}{2}R=20.8(\mathrm{J\cdot mol^{-1}\cdot K^{-1}})$$

等压过程内能的增量为：

$$\Delta E=\nu C_{V,m}\Delta T=1\times20.8\times120=2.50\times10^3\ \text{（J）}$$

（3）由热力学第一定律得到氢气对外界做的功为：

$$W=Q-\Delta E=0.99\times10^3\ \text{（J）}$$

13.2.3 等温过程

系统温度保持不变的过程称为**等温过程**。例如储有理想气体的密闭气缸，气缸壁绝热，其底部导热。将气缸底部与恒温热源接触，设作用在活塞上的外界压力缓慢减小，则缸内气体缓慢膨胀，热源的热量经气缸底部传递给气体，从而维持其温度不变，该过程即为等温过程。

由理想气体物态方程可知，等温过程的过程方程为 $pV=$常量，如图 13.5 所示，$p-V$ 图上等温过程曲线为双曲线的一支，称为**等温线**。

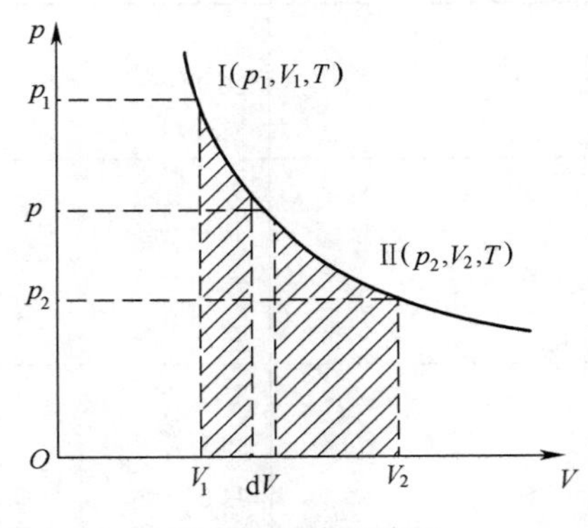

图 13.5 等温过程

等温过程系统对外做的功为：

$$W=\int_{V_1}^{V_2} p\mathrm{d}V$$

由理想气体物态方程 $pV=\nu RT$ 可得：

$$W=\int_{V_1}^{V_2} p\mathrm{d}V=\int_{V_1}^{V_2}\nu\frac{RT}{V}\mathrm{d}V=\nu RT\ln\frac{V_2}{V_1} \tag{13.2.15}$$

由 $p_1V_1=p_2V_2$ 上式又可写为：

$$W=\nu RT\ln\frac{p_1}{p_2} \tag{13.2.16}$$

由于温度不变，故系统的内能不变，由热力学第一定律可得：

$$Q_T=W=\nu RT\ln\frac{V_2}{V_1}=\nu RT\ln\frac{p_1}{p_2} \tag{13.2.17}$$

式（13.2.17）表明：在理想气体的准静态等温膨胀过程中，气体吸收的热量全部用来对外界做功，等温压缩过程外界对气体做的功全部以热量的形式释放。

13.2.4 绝热过程

系统与外界无热量传递的过程称为**绝热过程**。要实现绝热过程，气缸壁必须为绝热材料。实际上若气体迅速膨胀或压缩，来不及与外界交换热量，也可认为是绝热过程。

绝热过程系统对外界所做的功为：

$$W=-\Delta E=-\nu C_{V,m}\Delta T \tag{13.2.18}$$

绝热过程系统与外界无热量传递，即有 $\mathrm{d}Q=0$，应用热力学第一定律 $\mathrm{d}E+p\mathrm{d}V=0$，又 $\mathrm{d}E=\nu C_{V,m}\mathrm{d}T$，可得：

$$\nu C_{V,m}\mathrm{d}T+p\mathrm{d}V=0$$

对理想气体物态方程取微分得：

$$p\mathrm{d}V+V\mathrm{d}p=\nu R\mathrm{d}T$$

消去 $\mathrm{d}T$ 得：

$$C_{V,m}(p\mathrm{d}V+V\mathrm{d}p)=-Rp\mathrm{d}V$$

利用

$$C_{p,m}-C_{V,m}=R$$

可得：

$$C_{V,m}(p\mathrm{d}V+V\mathrm{d}p)=-(C_{p,m}-C_{V,m})p\mathrm{d}V$$

简化后得：

$$\frac{\mathrm{d}p}{p}+\gamma\frac{\mathrm{d}V}{V}=0$$

于是可得：

$$pV^{\gamma}=\text{常量} \tag{13.2.19}$$

$$V^{\gamma-1}T=\text{常量} \tag{13.2.20}$$

$$p^{\gamma-1}T^{-\gamma}=\text{常量} \tag{13.2.21}$$

式（13.2.19）～（13.2.21）统称为理想气体的准静态绝热过程方程，如图 13.6 所示，在 $p-V$ 图上对应**绝热线**。

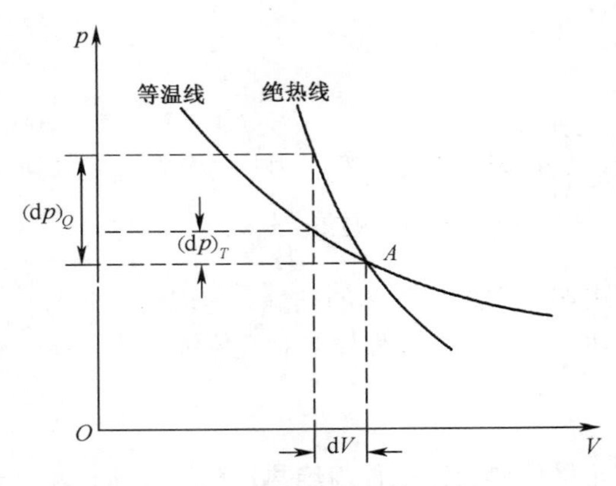

图 13.6　绝热线和等温线

如图 13.6 所示，绝热线比等温线陡峭些，即系统体积变化的绝对值相同时，绝热过程压强变化的绝对值比等温过程大一些，这源于等温过程压强变化仅取决于体积变化，而绝热过程压强变化则取决于体积和温度的共同变化。也可以由曲线斜率解释绝热线与等温线变化的差别。

由 $pV^{\gamma}=C$ 和 $pV=C'$ 可得点 A 处等温线、绝热线的斜率分别为：

$$\frac{\mathrm{d}p}{\mathrm{d}V}=-\frac{p_A}{V_A}\,;\quad \frac{\mathrm{d}p}{\mathrm{d}V}=-\gamma\frac{p_A}{V_A}$$

因为 $\gamma>1$，故 $p-V$ 图上同一点 A 处，绝热线斜率的绝对值比等温线斜率的绝对值大。

例题 13.2.2　设有 10（mol）的氧气，如图 13.7 所示。初态的压强为 1.013×10^5（Pa）、温度为 293（K），试求下列过程把氧气压缩为原来体积的1/10 时所做的功：（1）等温过程外界所做的功；（2）绝热过程外界所做的功；（3）两过程终态气体的压强。

解：（1）等温过程外界对氧气做的功为：

$$W=\nu RT\ln\frac{V_2'}{V_1}=10\times8.31\times293\times\ln\frac{1}{10}=-5.60\times10^4\ \mathrm{J}$$

（2）将氧气视为刚性双原子分子，其摩尔定体热容为：

$$C_{V,m}=\frac{5}{2}R=20.8\ \mathrm{J\cdot mol^{-1}\cdot K^{-1}}$$

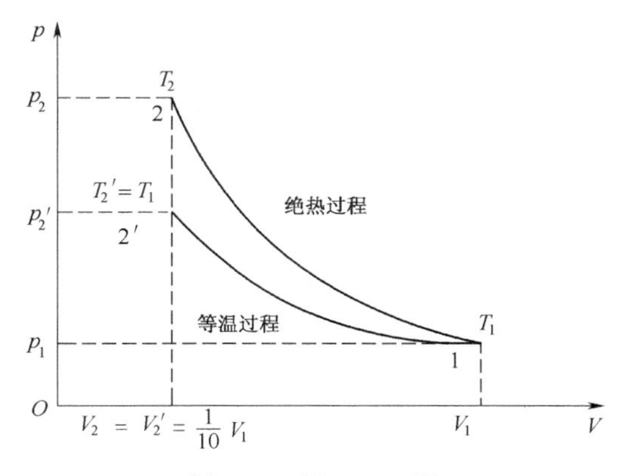

图 13.7 例 13.2.2 图

摩尔热容比为：

$$\gamma = \frac{5+2}{5} = 1.4$$

经绝热过程氧气的温度变为：

$$T_2 = T_1\left(\frac{V_1}{V_2}\right)^{\gamma-1} = 293\times10^{0.4} = 736 \text{ （K）}$$

则绝热过程外界对氧气所做的功为：

$$W = -\nu C_{V,m}(T_2 - T_1) = -10\times20.8\times(736-293) = -9.2\times10^4 \text{ （J）}$$

（3）经等温过程压强变为：

$$p_2' = \frac{p_1V_1}{V_2'} = 1.013\times10^5\times10 = 1.013\times10^6 \text{ （Pa）}$$

经绝热过程压强变为：

$$p_2 = p_1\left(\frac{V_1}{V_2}\right)^{\gamma} = 1.013\times10^5\times10^{1.4} = 2.54\times10^6 \text{ （Pa）}$$

13.3 热力学循环与卡诺循环

13.3.1 循环过程

热机是利用热量做功的机器，诸如蒸汽机、内燃机和火箭发动机等均属于热机。热机若持续地将热量转换为功，就需要利用循环过程。系统从初态出发经历一系列中间状态后又回到初态的过程称为**热力学循环过程**，简称**循环**。

若循环的每个过程均为准静态过程，则循环在 $p-V$ 图上就可用一闭合曲线表示，如图 13.8 所示，循环过程沿顺时针方向，可将循环分为 abc 、 cda 两个过程。

前者为系统膨胀对外界做正功，后者为系统被压缩，外界对系统做正功。整个循环过程系统对外界所做的净功为：

$$W = W_{abc} - W_{cda} > 0 \tag{13.3.1}$$

由此可见沿顺时针方向的循环过程，系统对外界做正功，称其为**正循环**。

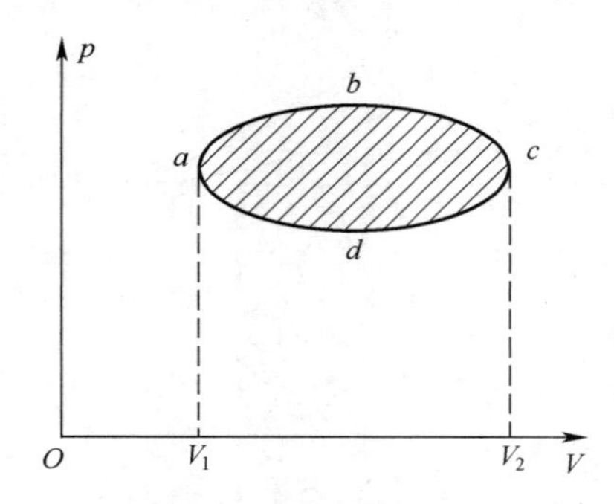

图 13.8　热力学循环过程

如图 13.8 所示，若循环过程沿逆时针方向 $adcba$，则有：

$$W = W_{adc} - W_{cba} < 0 \tag{13.3.2}$$

故逆时针循环过程外界对系统做正功，称其为**逆循环**。

由于内能是状态的单值函数，故系统经历一个循环过程后，系统的内能保持不变，即有 $\Delta E = 0$。若系统经历一个循环过程吸收热量 Q_1，向外界释放热量 Q_2，对外界所做净功 W，则循环过程对应的热力学定律表示为：

$$Q_1 - Q_2 = W \tag{13.3.3}$$

13.3.2　热机和制冷机

对应工作物质做正循环的机器称为**热机**，即利用工作物质持续地将吸收的热量转化为对外界做功的装置。工作物质做逆循环的机器称为**制冷机**，即利用工作物质连续做功，将低温处的热量传递到高温热源，从而使低温热源降温或者保持低温的装置。

如图 13.9 所示，热机工作时至少要有高温、低温两个热源。热机完成一个循环，内能保持不变，从高温热源吸收热量 Q_1，向低温热源释放热量 Q_2，对外界做功 $W = Q_1 - Q_2$。引入**热机效率**描述循环过程吸收的热量有多少转换为有用功，是标志热机效能的重要物理量，即有：

$$\eta = \frac{W}{Q_1} = \frac{Q_1 - Q_2}{Q_1} = 1 - \frac{Q_2}{Q_1} \tag{13.3.4}$$

不同的热机对应不同的循环过程，因而具有不同的热机效率。

制冷机的工作过程是通过外界对工作物质做功 W，如图 13.10 所示，不断从低温热源吸收热量 Q_2，并向高温热源释放热量 Q_1。例如电冰箱通过压缩机对制冷剂做功，使得制冷剂从冷冻室吸收热量，通过散热器向外界环境释放，因此冷冻室是低温热源，外界环境为高温热源。依据热力学第一定律，当制冷机完成一个循环后有 $W = Q_1 - Q_2$，由于外界做功，使得制冷机可把热量从低温热源传递到高温热源。外界不断做功，就能持续地从低温热源吸取热量，传递到高温热源。为描述制冷机的制冷效能，引入**制冷系数** e，定义为一次循环过程，制冷机从低温热源吸取的热量与外界所做功的比值，即有：

$$e = \frac{Q_2}{W} = \frac{Q_2}{Q_1 - Q_2} \tag{13.3.5}$$

家用电器中的空调机、冰柜等制冷设备均属于制冷机。

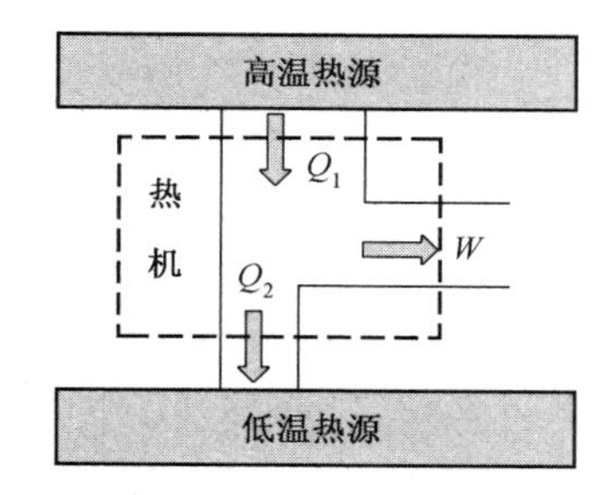

图 13.9　热机示意图

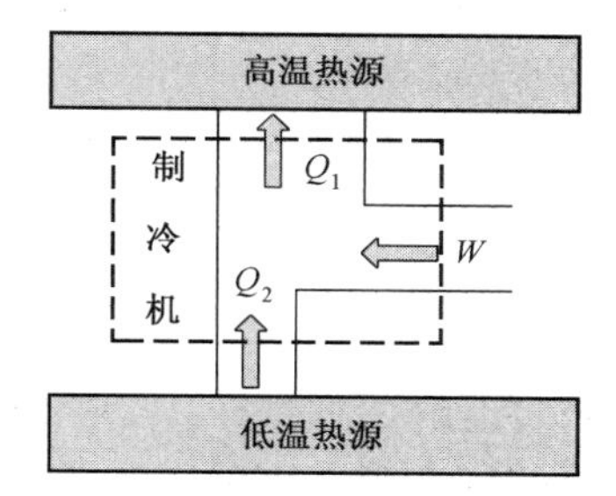

图 13.10　制冷机示意图

13.3.3　卡诺循环

18 世纪末到 19 世纪初，热机得到广泛应用，但其效率极低。为了提高热机效率，人们进行了理论研究和实验探索。1824 年法国青年的工程师卡诺（S.Carnot，1796～1832 年）提出了一种理想热机，其工作物质只与两个热源交换热量，整个循环过程由两个等温过程和两个绝热过程组成，该循环过程称为**卡诺循环**。卡诺正循环对应**卡诺热机**，卡诺逆循环对应**卡诺制冷机**。以下以理想气体为工作物质，分别计算卡诺热机的效率和卡诺制冷机的制冷系数。

设以理想气体为工作物质的卡诺正循环如图 13.11 所示，该循环对应卡诺热机。

其中 $a \to b$ 为等温膨胀过程，工作物质从温度为 T_1 的高温热源吸收热量 Q_1，吸收的热量 Q_1 全部用于对外做功，气体等温膨胀，体积由 $V_1 \to V_2$，于是有：

$$Q_1 = \nu RT_1 \ln\frac{V_2}{V_1} \tag{13.3.6}$$

$b \to c$ 为绝热膨胀过程，气体体积由 $V_2 \to V_3$，温度由 $T_1 \to T_2$，气体对外做功。$c \to d$ 为等温压缩过程，气体向温度为 T_2 的低温热源释放热 Q_2，气体体积由 $V_3 \to V_4$，外界对气体做功。外界对气体做的功以热量 Q_2 向低温热源释放，于是有：

$$Q_2 = \nu RT_2 \ln\frac{V_3}{V_4} \tag{13.3.7}$$

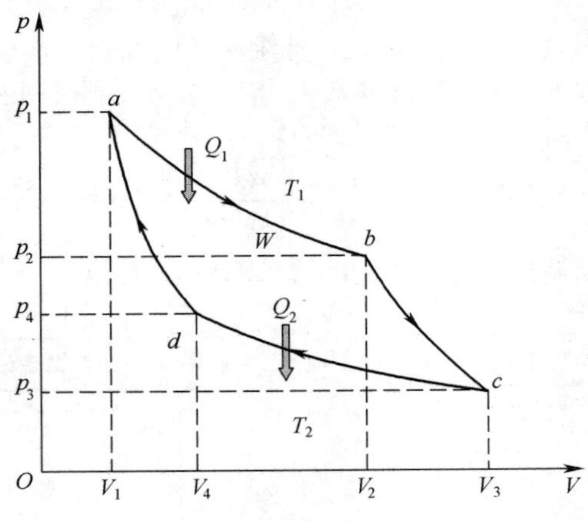

图 13.11　卡诺循环

$d \to a$ 为绝热压缩过程，气体体积由 $V_4 \to V_1$，外界对气体做功，气体完成一次循环。由热力学第一定律可得，完成一次循环气体对外界做的净功为：

$$W_{净} = Q_1 - Q_2 \tag{13.3.8}$$

由热机效率式（13.3.4）可得，工作物质为理想气体的卡诺热机效率为：

$$\eta = \frac{W_{净}}{Q_1} = \frac{Q_1 - Q_2}{Q_1} = 1 - \frac{Q_2}{Q_1} = 1 - \frac{T_2 \ln\frac{V_3}{V_4}}{T_1 \ln\frac{V_2}{V_1}} \tag{13.3.9}$$

由于 $b \to c$、$d \to a$ 均为气体绝热过程，由式（13.2.20）得：

$$T_1 V_2^{\gamma-1} = T_2 V_3^{\gamma-1} \tag{13.3.10}$$

$$T_1 V_1^{\gamma-1} = T_2 V_4^{\gamma-1} \tag{13.3.11}$$

由式（13.3.10）、式（13.3.11）可得：

$$\frac{V_3}{V_4} = \frac{V_2}{V_1} \tag{13.3.12}$$

将式（13.3.12）代入式（13.3.9）得卡诺热机效率为：

$$\eta = 1 - \frac{T_2}{T_1} \tag{13.3.13}$$

式（13.3.13）表明：以理想气体为工作物质的卡诺热机的效率，仅取决于两个热源的温度，高温热源的温度越高，低温热源的温度越低，则卡诺热机的效率越高，该热机效率与工作物质无关。

以理想气体为工作物质的卡诺逆循环如图 13.12 所示，该循环对应卡诺制冷机。$a \to d$ 为气体绝热膨胀过程，工作物质对外做功，温度由 T_1 降到 T_2。$d \to c$ 为等温膨胀过程，气体从低温热源 T_2 吸收热量 Q_2，吸收的热量全部对外界做功。$c \to b$ 为绝热压缩过程，外界对气体做功，温度由 $T_2 \to T_1$。$b \to a$ 为等温压缩过程，气体被等温压缩回到起始状态，外界对气体做的功以热量 Q_1 的形式传递到高温热源，由式（13.3.5）可得卡诺制冷机的制冷系数 e 为：

$$e = \frac{Q_2}{Q_1 - Q_2} = \frac{T_2}{T_1 - T_2} \tag{13.3.14}$$

式（13.3.14）表明：以理想气体为工作物质的卡诺制冷机的制冷系数，仅取决于两个热源的温度，与工作物质无关。

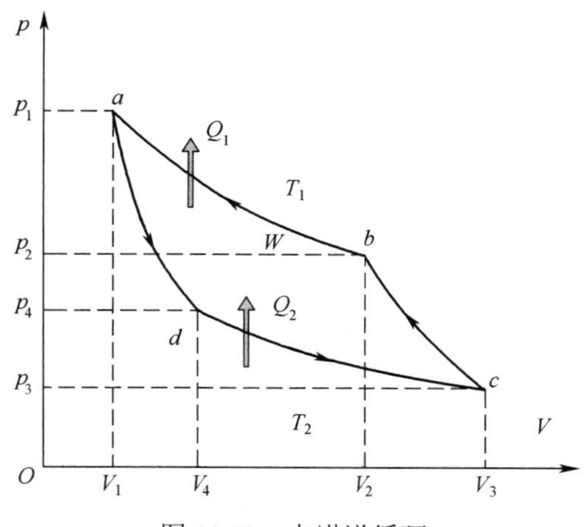

图 13.12　卡诺逆循环

例题 13.3.1　1mol 氧气经历如图 13.13 所示的循环过程，其中 $p_2 = 2p_1$，$V_4 = 2V_1$，试求：（1）$1 \to 2$、$2 \to 3$、$3 \to 4$ 和 $4 \to 1$ 各过程气体吸收或释放的热量；（2）该循环对应的热机效率。

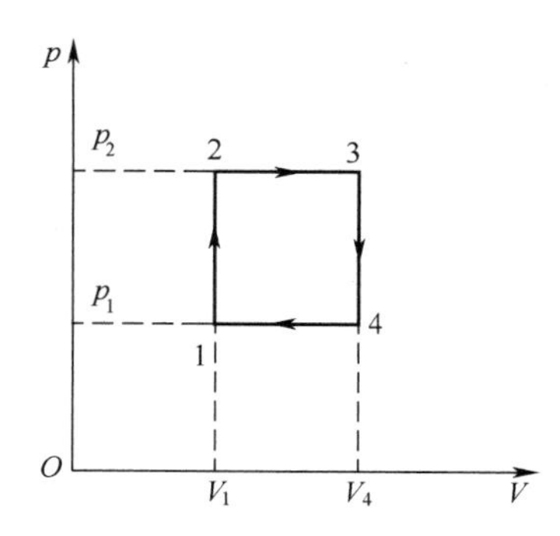

图 13.13　例题 13.3.1 用图

解：（1）该循环过程由两个等压过程 $2\to3$ 、 $4\to1$ 和两个等体过程 $1\to2$ 、 $3\to4$ 组成，求热机效率的关键就是分析该循环过程吸收、释放的热量。由理想气体物态方程 $pV=\nu RT$ 可得如下关系：

$$T_2=2T_1,\quad T_3=4T_1,\quad T_4=2T_1 \tag{1}$$

$1\to2$ 为等体升压过程，该过程吸收的热量 Q_1 为：

$$Q_1=C_{V,m}(T_2-T_1)=C_{V,m}T_1 \tag{2}$$

$2\to3$ 为等压膨胀过程，该过程吸收的热量 Q_2 为：

$$Q_2=C_{p,m}(T_3-T_2)=2C_{p,m}T_1 \tag{3}$$

$3\to4$ 为等容降压过程，该过程释放的热量 Q_3 为：

$$Q_3=C_{V,m}(T_4-T_3)=-2C_{V,m}T_1 \tag{4}$$

$4\to1$ 为等压压缩过程，温度降低释放热量 Q_4 ，该过程释放的热量为：

$$Q_4=C_{p,m}(T_1-T_4)=-C_{p,m}T_1 \tag{5}$$

整个循环过程吸收的总热量为：

$$Q_{吸}=Q_1+Q_2=C_{V,m}T_1+2C_{p,m}T_1 \tag{6}$$

（2）整个循环过程气体对外所做的功为：

$$W=(p_2-p_1)(V_4-V_1)=p_1V_1=RT_1 \tag{7}$$

因为 $C_{p,m}=C_{V,m}+R$ 、 $C_{V,m}=\dfrac{5}{2}R$ ，则该循环对应的热机效率为：

$$\eta=\frac{W}{Q_{吸}}=\frac{RT_1}{T_1(3C_{V,m}+2R)}=10.5\%$$

例题 13.3.2 设蒸汽机车的锅炉温度为 220℃，其冷却器温度为 26℃，若将锅炉的循环视为理想气体准静态卡诺正循环，试求锅炉的效率。

解：由式（13.3.13）卡诺热机效率为：

$$\eta=1-\frac{T_2}{T_1}$$

于是得到锅炉的效率为：

$$\eta=1-\frac{T_2}{T_1}=1-\frac{299.15}{493.15}=39\%$$

实际蒸汽机的效率远小于上述结果，一般蒸汽机的效率低于百分之十。由于锅炉内燃料燃烧的热量只有一部分转变为蒸汽的热能，再加上各种损耗，蒸汽机车的最高效率也只有 8%～9%。目前效率较低的蒸汽机车已被内燃机车、电力机车、电力动车组取代。

例题 13.3.3 设电冰箱置于室温 20℃的房间里，冷藏室的温度维持在 5℃。由于冰箱老化密封性能欠佳，每天有 2.0×10^8（J）热量传递到电冰箱内。设电冰箱的制冷系数为卡诺制冷机制冷系数的 55%，若要使冷藏室的温度维持在 5℃，试求电冰箱压缩机每天做的功及功率。

解：先求冰箱的制冷系数e，设$e_{卡}$为卡诺制冷机制冷系数，则有：

$$e_{卡}=\frac{T_2}{T_1-T_2}$$

其中T_2为低温热源冷藏室的温度，T_1为高温热源房间的温度，则冰箱的制冷系数为：

$$e=e_{卡}\times 55\%=\frac{T_2}{T_1-T_2}\times 55\%=\frac{278.15}{293.15-278.15}\times 55\%=10.2$$

若要维持冷藏室 5℃的温度，就需要从低温热源冷藏室吸取热量$Q_2=2.0\times 10^8\,\text{J}$，向高温热源房间释放热量$Q_1$，设压缩机做的功$W$，则有：

$$e=\frac{Q_2}{Q_1-Q_2}=\frac{Q_2}{W}$$

故冰箱压缩机做的功W为：

$$W=\frac{Q_2}{e}=\frac{2.0\times 10^8\,\text{J}}{10.2}\approx 0.2\times 10^8\ (\text{J})$$

其功率为：

$$P=\frac{W}{t}=232\ (\text{W})$$

13.4 热力学第二定律

13.4.1 热力学第二定律的两种表述

开尔文（L.Kelvin，1824～1907 年）和克劳修斯（R.Clausius，1822～1888 年）应用热功能转换的观点研究了热机效率，发现仅用热力学第一定律不能完全证明卡诺的结论，从而分别提出了热力学第二定律的两种表述。

依据热机效率式（13.3.4）可知，若工作物质在循环过程向低温热源释放的热量越少，则热机的效率就越高。若能实现向低温热源释放零热量，就有$\eta=100\%$，则要求工作物质在循环过程中，把从高温热源吸收的热量全部转换为有用功，而工作物质又回到初始状态。这类高效率热机并不违反热力学第一定律，但是大量实践表明，热机不可能只有一个热源，热机要不断地将吸取的热量变为有用功，就不可避免地要把一部分热量传递给低温热源，其效率必然小于 100%。在总结实践经验的基础上，英国物理学家开尔文于 1851 年提出了热力学第二定律，**热力学第二定律的开尔文表述**为：不可能从单一热源吸收热量，将其全部变为有用功而不产生其他影响。

应当指出，开尔文表述的“单一热源”是指温度均匀且恒定不变的热源。若热源温度不均匀，工作物质就可由温度较高的部分吸收热量而向温度较低的部分释放热量，这实际相当于两个热源。其次，“其他影响”是指除了从单一热源吸收热量并用来对外界做功之外的其他任何影响。若产生其他影响，则从单一热源吸热全部用来对外做功就可以实现。例如理想气体等温膨胀，就是把从单一热源吸收的热量全部用来对外做功。但是却产生了其他影响，即理想气体的体积增大，压强减小。

热力学第二定律的克劳修斯表述与制冷机有关。当工作物质从低温热源吸取热量 Q_2 时，需要的功 W 越少，则制冷机的效能就越高。若外界不需要做功就可使制冷机正常运转，则制冷系数将达到无穷大，这将是最为理想的制冷机，借助于工作物质循环过程所产生的唯一效果，就是把热量源源不断地从低温热源传递到高温热源。然而大量的实践证明，制冷机的工作过程，外界必须对其做功。德国物理学家克劳修斯在总结实践经验的基础上，于 1850 年将热力学第二定律表述为：不可能把热量从低温物体传到高温物体而不产生其他影响。

13.4.2 热力学第二定律两种表述的等效性

热力学第二定律的两种表述表面看来似乎彼此无关，其实两者等效。可以证明，如果开尔文的表述成立，则克劳修斯的表述也成立；反之若克劳修斯的表述成立，则开尔文的表述也成立。下面用反证法证明两者的等效性。

如图 13.14 所示，在温度为 T_1 的高温热源和温度为 T_2 的低温热源之间有一热机。若违背克劳修斯说法，热量 Q_2 由低温热源自动地传递给高温热源。那么可以用另一遵从开尔文说法的热机从高温热源吸收热量 Q_1，对外做功 W，并把热量 Q_2 传递给低温热源。因而当这一过程完成时，低温热源吸收和释放的热量是相等的，即没有净放出热量；高温热源放出的热量大于吸收的热量，净放出的热量为 Q_1-Q_2；而热机对外做的功为 $W=Q_1-Q_2$，高温热源放出的热量全部用来对外做功。换言之，单一热源所放出的热量全部用来对外做功。这显然是违背开尔文的说法的，故违背克劳修斯说法的系统，必然违背开尔文说法。反之，也可以证明违背开尔文的说法，也必然违背克劳修斯说法。因此热力学第二定律的两种表述等效。

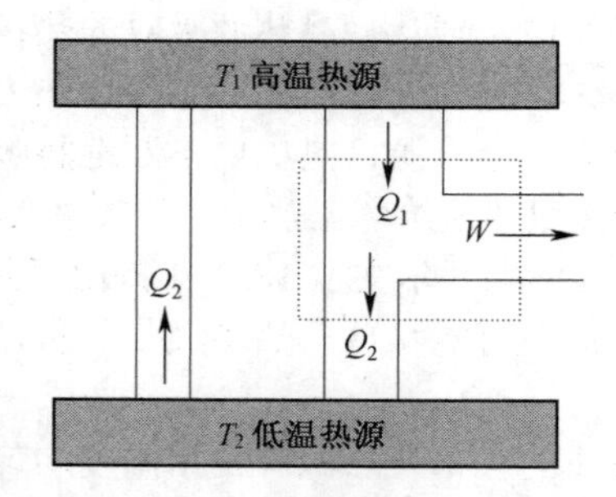

图 13.14 热力学第二定律两种说法的等效性

13.5　可逆过程与不可逆过程　卡诺定理

13.5.1　可逆过程与不可逆过程

系统由某一状态出发，经过一个过程到达另一状态，若存在另一过程，能使系统与外界同时完全复原，则这样的过程称为**可逆过程**。反之，若应用任何方法都不能同时使外界和系统复原，则这样的过程称为**不可逆过程**。此处“使系统和外界完全复原”是指系统回到原来状态，同时消除原来过程对外界的一切影响，即原来系统对外界所做的功要由外界对系统做功抵消，原来吸收的热量要完全释放。

由热力学第二定律的开尔文表述，热量不可能通过循环过程全部转换为功。即功变热的过程所产生的效应不可能以其逆向过程完全消除。另外，热量可以自动地由高温物体传递给低温物体，但在不产生其他任何影响的条件下，热量不可能自动从低温物体传递给高温物体。即热传导过程产生的效应不可能以其逆向过程完全消除。此类热力学过程的一个重要特征就是其正、逆两个过程，不能相互抵消。

热力学第二定律的两种表述，分别指出了功变热过程和热量递过程都是不可逆过程。实际上，诸如气体自由膨胀、扩散过程、磁滞现象和各种爆炸等自然的宏观过程都是不可逆的。自然界发生的不可逆过程必然包含下列至少一种情况：

（1）不满足热力学平衡条件，如力学平衡、热力学平衡和化学平衡条件。

（2）有耗散因素存在，如摩擦、非弹性作用、粘滞、电阻和磁滞等因素。

故对于无耗散因素的准静态过程，由于经历的任意中间态，系统均为平衡态，于是可控制条件使系统按照原过程的逆过程进行，逆向经过原过程的所有中间态回到初态，同时消除所有外界影响，这种过程即为可逆过程。故一切无耗散因素存在的准静态过程均为可逆过程。

13.5.2　卡诺定理

卡诺热机工作在温度为 T_1 的高温热源和温度为 T_2 的低温热源之间，而工作于两个热源之间完成热力学循环的热机满足如下**卡诺定理**。

（1）工作于相同高温热源 T_1、低温热源 T_2 之间的一切可逆热机，不管使用何种工作物质，都具有相同的效率，即有：

$$\eta = 1 - \frac{T_2}{T_1} \tag{13.5.1}$$

（2）工作于相同高温热源 T_1、低温热源 T_2 之间的一切不可逆热机的效率 η' 都不可能大于可逆热机的效率，即有：

$$\eta' \leqslant 1 - \frac{T_2}{T_1} \tag{13.5.2}$$

13.6 熵和熵增加原理

热力学第二定律指出，自然界与热现象有关的过程均为不可逆过程。热力学第二定律表明过程的不可逆性反映了始、末两个状态所包含的微观状态数目不同。为从数学上描述微观状态数目的差异所导致的过程的方向性问题，引入新的物理量——**熵**。

13.6.1 克劳修斯等式

克劳修斯于 1865 年首先在宏观上引入熵的概念，并运用熵增加原理解释了热力学过程的方向性问题。依据卡诺定理：工作在两个给定温度 T_1、T_2 之间的所有可逆热机均具有相同的热机效率：

$$\eta = 1 - \frac{T_2}{T_1} = 1 - \frac{Q_2}{Q_1}$$

于是有：

$$\frac{Q_1}{T_1} = \frac{Q_2}{T_2} \qquad (13.6.1)$$

其中 Q_1 为系统吸收的热量，Q_2 为系统释放的热量。为便于讨论熵的相关问题，首先规定热量的正负。若系统从外界吸收热量为 Q，则 Q 为正；若系统向外界释放热量 Q，则 Q 为负。因此式（13.6.1）可变为：

$$\frac{Q_1}{T_1} = \frac{-Q_2}{T_2}$$

整理可得：

$$\frac{Q_1}{T_1} + \frac{Q_2}{T_2} = 0 \qquad (13.6.2)$$

引入热温比 $\frac{Q}{T}$，于是式（13.6.2）表明对于可逆卡诺循环，系统经历一个循环后，其热温比的总和等于零。若存在如图 13.15 所示的任意可逆循环，将该可逆循环视为由许多小卡诺循环组成，因此可逆循环的热温比近似等于所有小卡诺循环热温比之和，即有：

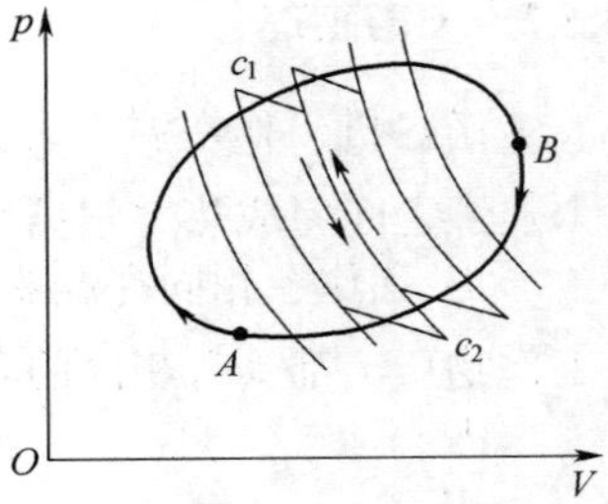

图 13.15　任意可逆循环

$$\sum_i^n \frac{Q_i}{T_i} = 0$$

当小卡诺循环的数目 $n \to \infty$ 时，上式表出的求和为：

$$\oint \frac{\mathrm{d}Q}{T} = 0 \qquad (13.6.3)$$

其中 dQ 为系统从温度为 T 的热源吸取的热量。式（13.6.3）表明系统经历任意可逆循环过程后，其热温比之和为于零，该式称为**克劳修斯等式**。

设如图 13.16 所示的任意可逆循环有 A 、B 态。该循环可分为 Ac_1B 、Bc_2A 两个可逆过程，由式（13.6.3）可得：

$$\oint \frac{\mathrm{d}Q}{T} = \int_{Ac_1B} \frac{\mathrm{d}Q}{T} + \int_{Bc_2A} \frac{\mathrm{d}Q}{T} = 0$$

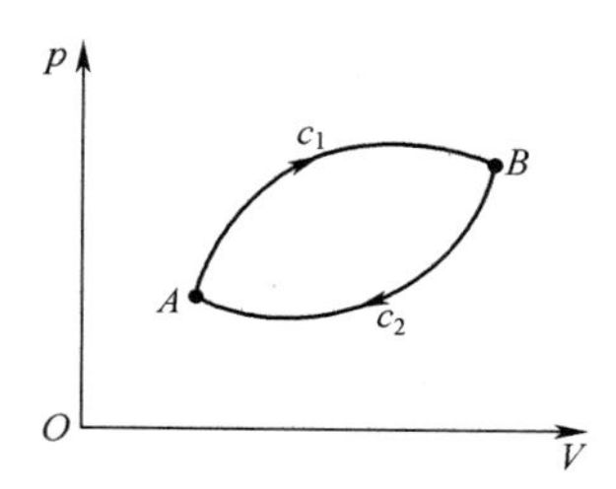

图 13.16　积分与路径无关

则有：

$$\int_{Ac_1B} \frac{\mathrm{d}Q}{T} = -\int_{Bc_2A} \frac{\mathrm{d}Q}{T}$$

上式可写为：

$$\int_{Ac_1B} \frac{\mathrm{d}Q}{T} = \int_{Ac_2B} \frac{\mathrm{d}Q}{T} \tag{13.6.4}$$

式（13.6.4）表明：系统从状态 A 到状态 B ，无论经历哪一个过程，其热温比 $\frac{\mathrm{d}Q}{T}$ 的积分都相等，即沿可逆过程的 $\frac{\mathrm{d}Q}{T}$ 的积分只取决于始末状态，与所经历的路径无关。由此可见 $\frac{\mathrm{d}Q}{T}$ 是状态函数，于是克劳修斯命名为**熵**，即有：

$$S_B - S_A = \int_A^B \frac{\mathrm{d}Q}{T} \tag{13.6.5}$$

其中 S_A 、S_B 表示系统在状态 A 、B 的熵。若系统经历无限小可逆过程，则有：

$$\mathrm{d}S = \frac{\mathrm{d}Q}{T} \tag{13.6.6}$$

值得注意的是：

（1）熵是状态函数，熵的变化只与始、末状态有关，与具体过程无关。

（2）熵具有可加性，系统的熵等于系统内各部分的熵之和。

13.6.2　熵增加原理

可以证明：在孤立系统中进行的自然过程总是沿着熵增加的方向进行，即有：

$$\Delta S > 0 \text{（孤立系统内的不可逆过程）} \tag{13.6.7}$$

其实，如气体扩散、热功转换等过程，均为不可逆过程，若按照上述方法计算，都能得到熵要增加的结果。因此，孤立系统内一切不可逆过程的熵变都是增加的。

对于孤立系统内的可逆过程，由于孤立系统与外界没有能量交换，孤立系统中发生的过程，均为绝热过程，即 $dQ=0$。因此，由式（13.6.6）得，孤立系统中的可逆过程，其熵变保持不变，即有：

$$\Delta S=0 \qquad (13.6.8)$$

综上所述，在孤立系统内的任意过程，其熵不会减少，该结论称为**熵增加原理**，即有：

$$\Delta S \geqslant 0 \qquad (13.6.9)$$

上式适用于孤立系统的任意过程，其中“>”对应不可逆过程，“=”对应可逆过程。因此一个孤立系统开始处于非平衡态，后来逐渐向平衡态过渡，在此过程中熵要增加，最后系统达到平衡态时，系统的熵达到最大值。此后，若系统的平衡态不被破坏，系统的熵则保持不变。孤立系统内的不可逆过程总是向熵增加的方向进行，直到达到熵的最大值。故应用熵增加原理可判断过程进行的方向。

13.6.3 玻耳兹曼关系式

路德维希·玻尔兹曼（Ludwig Edward Boltzmann，1844～1906 年）于 1877 年将熵和概率联系起来，阐明了熵和熵增加原理的微观本质。依据玻耳兹曼对熵 S 的定义，系统宏观状态的熵和该状态包含的微观状态数目 Ω 间的关系为：

$$S=k\ln\Omega \qquad (13.6.10)$$

其中 Ω 表示宏观状态所包含的微观状态数，k 为玻耳兹曼常数。式（13.6.10）为**玻耳兹曼熵公式**。熵是状态函数，描述了系统的混乱程度，即系统的无序性。在孤立系统的所有宏观状态中，平衡态的热力学概率最大，因此平衡态的熵最大。也就是说：在孤立系统中进行的自然过程总是沿着熵增加的方向进行。

习题 13

13.1 设一定量的空气吸收 1.71×10^3(J) 的热量，并保持在压强 1.0×10^5(Pa) 下膨胀，体积由 $V_1=1.0\times10^{-2}$(m^3) 变为 $V_2=1.5\times10^{-2}$(m^3)，试求空气对外界所做的功，以及空气内能的增量。

13.2 压强为 1.0×10^5(Pa)、体积为 1.0×10^{-3}(m^3) 的氧气自 273（K）加热到 373（K），试求：

（1）等压及等体过程吸收的热量；

（2）等压及等体过程对外界所做的功。

13.3 质量为 0.02（kg）的氦气，温度由 290（K）升高至 300（K），若在升温过程中（1）体积保持不变；（2）压强保持不变；（3）不与外界交换热量。试分别求出以上三种过程气体内能的增量、吸收的热量以及外界对气体所做的功。

13.4　设系统由如图 13.17 所示状态 a 沿 abc 到达 c，有 350（J）热量传入系统，而系统对外界做功 350（J）。试求：

（1）经 adc 过程系统对外做功 42（J），系统吸收的热量；

（2）当系统由状态 c 沿曲线 ca 回到状态 a 时，外界对系统做功 84（J），系统向外界释放的热量。

13.5　1（mol）氧气由状态 1 变化到状态 2，所经历的两个过程如图 13.18 所示，即$1 \to m \to 2$路径、$1 \to 2$直线路径。试求两个过程系统吸收的热量 Q、对外界所做的功 A，以及内能的增量 $E_2 - E_1$。

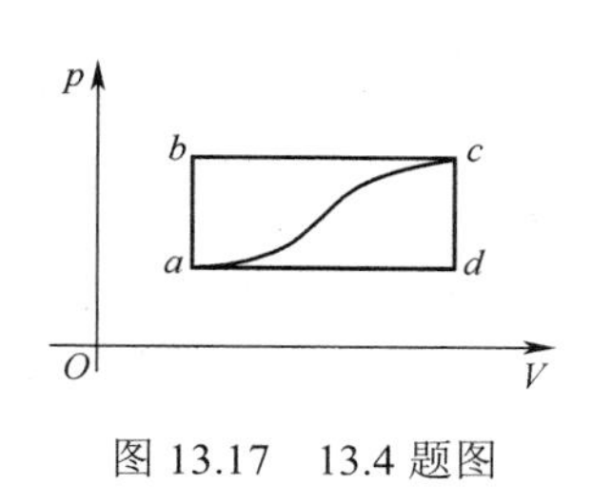

图 13.17　13.4 题图

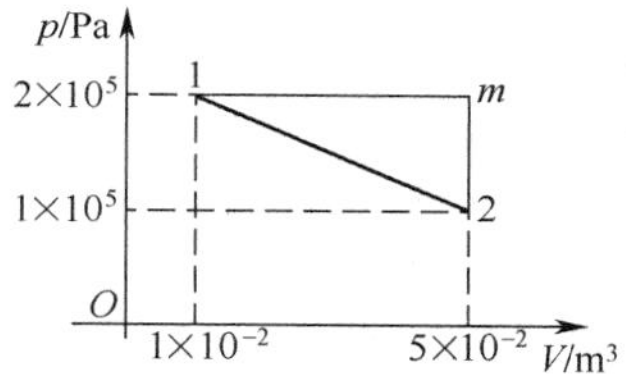

图 13.18　13.5 题图

13.6　设 1（mol）范氏气体通过准静态等温过程体积由 V_1 膨胀至 V_2，试求气体此过程对外界所做的功。

13.7　1（mol）氢气在压强为1.013×10^5(Pa)、温度为 $T_1 = 293$(K)时的体积为 V_0，若使其经以下两种过程到达同一终态：

（1）先保持体积不变，加热使其温度升高到 $T_2 = 353$(K)，然后令其等温膨胀，体积变为原体积的 2 倍；

（2）先使其等温膨胀至原体积的 2 倍，然后保持体积不变，升温至 $T_1 =$ 353（K）。

试分别计算以上两过程吸收的热量，气体对外界做的功和内能增量，并将上述两过程画在 $P-V$ 图上并说明所得结果。

13.8　为了测量气体的摩尔热容比 $\gamma = C_p/C_V$，可用下列方法：一定量气体的初始温度、体积和压强分别为 T_0、V_0 和 P_0，用通电铂丝对其加热，设两次加热过程使气体吸收的热量相同，但第一次保持气体体积 V_0 不变，温度、压强变为 T_1、P_1；第二次保持压强 P_0 不变，温度、体积变为 T_2、V_2。试证明 $\gamma = \dfrac{(p_1 - p_0)V_0}{(V_2 - V_0)p_0}$。

13.9　理想气体的多方过程方程为 $PV^n =$ 常数。

（1）试解释 $n = 0$、1、γ 和 ∞ 各对应何过程；

（2）试证明多方过程理想气体对外界做功 $A = \dfrac{p_1V_1 - p_2V_2}{n-1}$；

（3）试证明多方过程理想气体的摩尔热容量$C=C_V\left(\dfrac{\gamma-n}{1-n}\right)$。

13.10　设气缸内贮有 10（mol）的单原子理想气体，压缩过程外力所做功为 209（J），气体温度升高 1（K）。试计算该过程气体内能的增量、气体吸收的热量，以及气体的摩尔热容。

13.11　1（mol）理想气体在温度 400（K）的高温热源、温度 300（K）低温热源之间完成卡诺循环。在 400（K）等温线上，初始体积为$1.0\times10^{-3}(\mathrm{m}^3)$，最后体积为$5.0\times10^{-3}(\mathrm{m}^3)$。试计算气体在此循环对外界做的功、从高温热源吸收的热量，以及向低温热源放出的热量。

13.12　一定量的单原子分子理想气体，从初态 A 出发沿如图 13.19 所示直线到状态 B，又经过等容、等压过程回到状态 A，试求：

（1）$A\to B$，$B\to C$，$C\to A$，各过程系统对外界做的功、内能的增量，以及所吸收的热量；

（2）整个循环过程系统对外界所做总功、从外界吸收的总热量。

13.13　设有热机以 1（mol）双原子分子气体为工作物质，循环过程如图 13.20 所示，其中 AB 为等温过程，且 $T_A=1111$（K），$T_C=111$（K），已知 $\ln10=2.3$，试求热机效率 η。

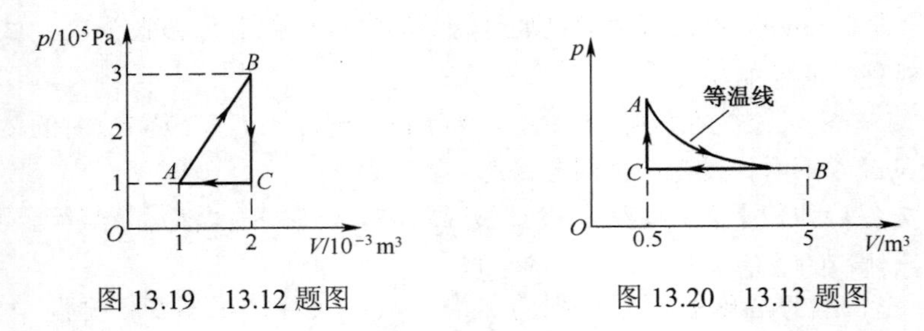

图 13.19　13.12 题图　　　　图 13.20　13.13 题图

13.14　设 1（mol）的理想气体经历如图 13.21 所示的循环过程。$A\to B$、$C\to D$ 为等压过程，$B\to C$、$D\to A$ 为绝热过程，其中 $T_B=400$（K）、$T_C=300$（K），试求该循环效率。

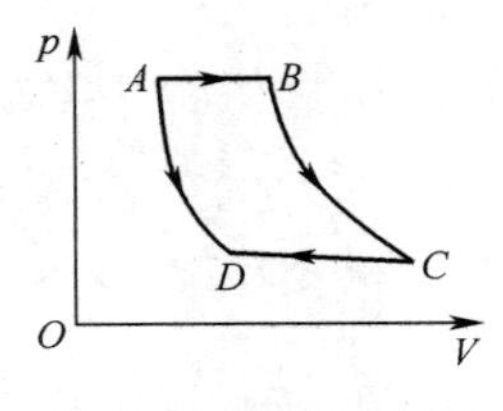

图 13.21　13.14 题图

13.15　奥托热机是德国物理学家奥托发明的一种热机，四冲程汽油机的工作循环即为奥托循环。如图 13.22 所示，奥托循环由两条绝热线、两条等体线构成。

试证明该热机效率为$\eta = 1-\left(\frac{V_1}{V_2}\right)^{\gamma-1}$，其中$\gamma$为摩尔热容比。

13.16　1mol 单原子分子理想气体，经历如图 13.23 所示可逆循环，连接ac两点的曲线Ⅲ方程为$P = P_0 V^2 / V_0^2$，a点的温度为T_0。

（1）试用T_0、R表示Ⅰ、Ⅱ、Ⅲ过程气体吸收的热量；

（2）试求该循环效率。

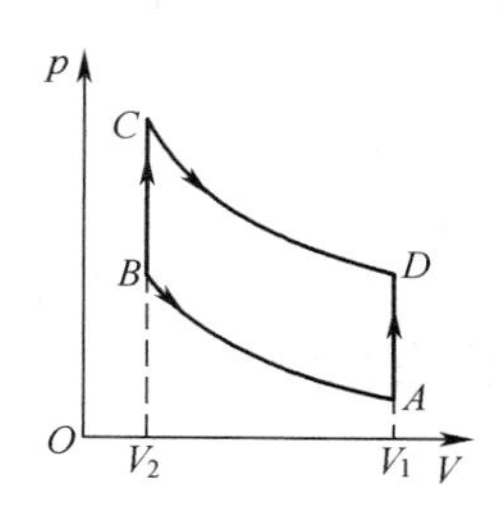

图 13.22　13.15 题图

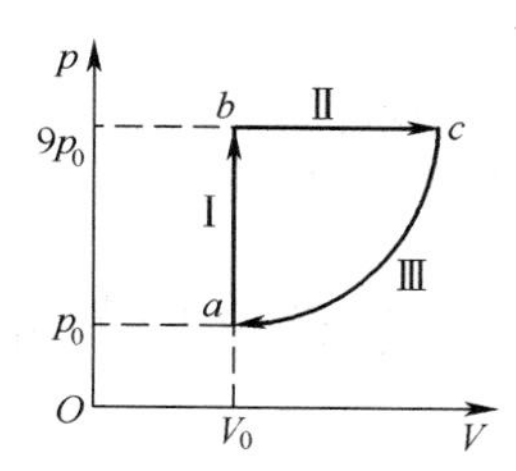

图 13.23　13.16 题图

13.17　一卡诺热机在温度 1000（K）、300（K）的两热源之间工作，若（1）高温热源提高 100（K）；（2）低温热源降低 100（K），试问哪种方案提高的热机效率更高。

13.18　若使用制冷机将 1（mol）压强为1.0×10^5（Pa）的空气从 20℃等压冷却至 18℃，设该机向 40℃的环境放热，将空气视为双原子分子组成。试求对制冷机必须提供的最小功。

13.19　设室外气温为 295（K），若使用空调维持室内温度为 294（K），已知漏入室内热量的速率是1.0467×10^5（$\mathrm{J\cdot s^{-1}}$）。试求所用空调的最小功率。

13.20　设有制冷机工作过程冷藏室的温度为 263（K），放出的冷却水温度为 284（K），若按理想卡诺制冷循环计算，试求该制冷机每消耗103（J）的功，从冷藏室吸取的热量。

第 14 章　近代物理基础

自从 17 世纪牛顿的经典理论形成，一直到 19 世纪末，经典物理学建立了完整的理论，其中包括以牛顿三定律及万有引力定律为核心的经典力学，以麦克斯韦方程组为基础的电磁场理论，以热力学三定律为基础的热学。但当历史步入 20 世纪，物理学开始扩展到微观高速领域时，经典物理理论已无法解释一些实验事实，因此需要根本性的改革，从而诞生了近代物理的两大支柱——相对论和量子理论。本章主要介绍狭义相对论和量子理论的基本知识。

14.1　狭义相对论的基本原理　洛伦兹变换

14.1.1　伽利略变换

首先讨论经典力学的时空变换关系，然后再介绍狭义相对论的时空观。

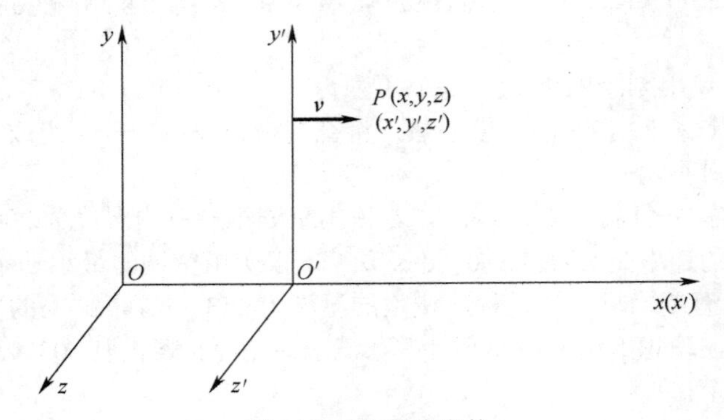

图 14.1　伽利略变换

设惯性系 $S'(x',y',z')$ 以速度 $\boldsymbol{v}$ 相对于惯性系 $S(x,y,z)$ 沿 Ox 轴正向做匀速直线运动，如图 14.1 所示，x'、x 两轴重合，y'、z' 两轴分别与 y、z 两轴平行，设 $t=t'=0$ 时 S、S' 系原点 O、O' 重合。通常把某时刻某坐标处发生的某事情称为一个事件，显然，对于同一个事件，两个不同的参考系具有不同的时空坐标 (x,y,z,t)、(x',y',z',t')。由经典力学知，时间间隔和空间间隔的量度都是绝对的，故有：

$$\begin{cases} x' = x - vt \\ y' = y \\ z' = z \\ t' = t \end{cases} \tag{14.1.1}$$

上式即为**伽利略时空变换关系**。将式（14.1.1）对时间 t 求导得：

$$\begin{cases} u_x' = u_x - v \\ u_y' = u_y \\ u_z' = u_z \end{cases} \qquad (14.1.2)$$

上式即为**伽利略速度变换关系**，即相对于不同惯性系，质点速度的测量结果不同。将式（14.1.2）对时间 t 求导，便得到加速度变换关系：

$$\begin{cases} a_x' = a_x \\ a_y' = a_y \\ a_z' = a_z \end{cases} \qquad (14.1.3)$$

式（14.1.3）表明：对于不同的惯性系，加速度为不变量，可表示为 $\boldsymbol{a}' = \boldsymbol{a}$，经典力学质点的质量为不变量，故得 $\boldsymbol{F}' = m\boldsymbol{a}' = m\boldsymbol{a} = \boldsymbol{F}$。即对于一切惯性系，牛顿力学规律均具有相同的形式，此即**经典力学相对性原理**。

14.1.2 狭义相对论的基本原理

麦克斯韦电磁理论预言了电磁波的存在，揭示了光的电磁本质，是继牛顿力学之后经典理论的又一伟大成就。光是电磁波，光在真空中传播的速率为

$$c = \frac{1}{\sqrt{\varepsilon_0 \mu_0}}$$

由此说明光在真空中的速率是一恒量，与光传播的方向无关。

大量实验研究均证明在所有惯性系测量，真空中的光速均为 c。而由经典力学知，不同惯性系的观察者测定同一光束的传播速度时，所得结果各不相同，即光速的测量与惯性系有关。爱因斯坦对此做了深入研究，他冲破传统观念的束缚，提出两个基本原理，并在此基础上创建了狭义相对论。

1905 年爱因斯坦在德国《物理年鉴》上发表《论运动物体的电动力学》一文，首次提出狭义相对论的两个基本原理：

（1）**狭义相对性原理**：物理定律在所有惯性系中均保持相同的形式，即一切惯性系都是等价的。

（2）**光速不变原理**：对于所有惯性系，光在真空中沿各个方向传播的速率均等于恒量 c，与光源和观测者的运动状态无关。

14.1.3 洛伦兹变换

狭义相对论的两个基本原理表明，经典力学的绝对时空观不正确，需要建立新的时空坐标变换关系。设惯性系 S' 以速度 $\boldsymbol{v}$ 相对于惯性系 S 沿 Ox 轴正向做匀速直线运动，x'、x 两轴重合，y'、z' 两轴分别与 y、z 两轴平行，设 $t = t' = 0$ 时 S、S' 原点 O、O' 重合。由狭义相对性原理知，S 系沿 Ox 轴匀速直线运动的物体，

在 S' 系也应做匀速直线运动，而且在 S 、 S' 两系，光速不变，由此可导出狭义相对论时空坐标变换关系为：

$$\begin{cases} x' = \dfrac{x - vt}{\sqrt{1 - v^2 / c^2}} \\ y' = y \\ z' = z \\ t' = \dfrac{t - \dfrac{v}{c^2} x}{\sqrt{1 - v^2 / c^2}} \end{cases} \tag{14.1.4}$$

式（14.1.4）称为**洛伦兹变换**，其逆变换为：

$$\begin{cases} x = \dfrac{x' + vt'}{\sqrt{1 - v^2 / c^2}} \\ y = y' \\ z = z' \\ t = \dfrac{t' + \dfrac{v}{c^2} x'}{\sqrt{1 - v^2 / c^2}} \end{cases} \tag{14.1.5}$$

令 $\beta = v / c$ ， $\gamma = 1 \Big/ \sqrt{1 - v^2 / c^2}$ ，则洛伦兹变换可简化为：

$$\begin{cases} x' = \gamma (x - vt) \\ y' = y \\ z' = z \\ t' = \gamma \left(t - \dfrac{v}{c^2} x \right) \end{cases} \tag{14.1.6}$$

当 $v \ll c$ 时，洛伦兹变换将自动回到伽利略变换式（14.1.1）。

14.1.4　洛伦兹速度变换

设 S 系的观察者测得物体速度的三个分量为：

$$u_x = \frac{\mathrm{d}x}{\mathrm{d}t}, \ u_y = \frac{\mathrm{d}y}{\mathrm{d}t}, \ u_z = \frac{\mathrm{d}z}{\mathrm{d}t} \tag{14.1.7}$$

S' 系的观察者测得同一物体速度的三个分量为：

$$u'_x = \frac{\mathrm{d}x'}{\mathrm{d}t'}, \ u'_y = \frac{\mathrm{d}y'}{\mathrm{d}t'}, \ u'_z = \frac{\mathrm{d}z'}{\mathrm{d}t'} \tag{14.1.8}$$

将洛伦兹变换式（14.1.4）求微分可得：

$$
\begin{cases}
dx' = \dfrac{dx - vdt}{\sqrt{1 - v^2 / c^2}} \\
dy' = dy \\
dz' = dz \\
dt' = \dfrac{dt - vdx / c^2}{\sqrt{1 - v^2 / c^2}}
\end{cases}
\tag{14.1.9}
$$

于是得到**洛伦兹速度变换**关系为：

$$
\begin{cases}
u'_x = \dfrac{u_x - v}{1 - vu_x / c^2} \\
u'_y = \dfrac{u_y \sqrt{1 - v^2 / c^2}}{1 - vu_y / c^2} \\
u'_z = \dfrac{u_z \sqrt{1 - v^2 / c^2}}{1 - vu_z / c^2}
\end{cases}
\tag{14.1.10}
$$

式（14.1.10）为基于狭义相对论的 S 、 S' 系的速度变换关系。

14.2 狭义相对论的时空观

14.2.1 同时的相对性

由洛伦兹变换关系知，时间的测量与参考系有关，以下将讨论两个事件的时间间隔在不同惯性系间的关系。设有惯性系 S 、S'，若 S 系 x 轴坐标分别为 x_1 、 x_2 两处， t 时刻同时发生两个事件，而在 S' 系的观察结果，由洛伦兹变换关系可得：

$$t'_1 = \gamma\left(t - \frac{v}{c^2} x_1\right)$$

$$t'_2 = \gamma\left(t - \frac{v}{c^2} x_2\right)$$

在 S' 系观察两事件发生的时间间隔为：

$$t'_2 - t'_1 = -\gamma \frac{v}{c^2}(x_2 - x_1) \tag{14.2.1}$$

显然若 $x_1 \neq x_2$ ，则 $t'_1 \neq t'_2$ ，即 S 系不同地点同时发生的两个事件，在 S' 系测量一定不同时，这就是同时的相对性。但当 $x_1 = x_2$ 时， $t'_1 = t'_2$ ，即 S 系同时同地发生的两事件，在 S' 系测量一定同时。于是狭义相对论有结论，同时具有相对性，时间和空间相互关联。

14.2.2 时间延缓

若在一惯性系同一地点先后发生两个事件，在该惯性系测得其时间间隔称为固有时，用 Δt_0 表示。现在讨论在其他惯性系测得该两个事件的时间间隔与 Δt_0 的关系。

设两个事件在 S 系的时空坐标分别为 (x_1,t_1)、(x_2,t_2)，在 S' 系为 (x_1',t_1')、(x_2',t_2')。设 S' 系观测两个事件发生在同一地点 $x_1'=x_2'$，则固有时 $\Delta t_0=\Delta t'=t_2'-t_1'$，由洛伦兹变换关系可得：

$$t_1=\gamma\left(t_1'+\frac{v}{c^2}x_1'\right)$$

$$t_2=\gamma\left(t_2'+\frac{v}{c^2}x_2'\right)$$

$$\Delta t=t_2-t_1=\gamma(t_2'-t_1')=\gamma\Delta t'=\gamma\Delta t_0$$

即有：

$$\Delta t=\frac{\Delta t_0}{\sqrt{1-v^2/c^2}} \tag{14.2.2}$$

式（14.2.2）表明：若在 S' 惯性系两事件发生于同一地点，测得两事件的时间间隔最短，为固有时 Δt_0，而在其他惯性系 S 测量该两事件的时间间隔均大于 Δt_0，此即狭义相对论的时间延缓效应。由于运动是相对的，故该效应是可逆的。

14.2.3 长度的收缩

设在 S' 系沿 x' 轴静止放置一细杆，杆两端坐标分别为 x_1'、x_2'，其静止长度为 $l'=x_2'-x_1'$，静止长度称为固有长度 l_0。当在 S 系测量该细杆长度时，则必须同时测量杆两端的坐标 x_1、x_2，杆长 $l=x_2-x_1$。由洛伦兹变换关系得：

$$x_1'=\gamma(x_1-v\,t_1)\ ,\quad x_2'=\gamma(x_2-v\,t_2)$$

考虑到在 S 系为同时测量，即有 $t_1=t_2$，故有：

$$x_2'-x_1'=\gamma(x_2-x_1)$$

于是得：

$$l=\frac{l'}{\gamma}=l'\sqrt{1-v^2/c^2}=l_0\sqrt{1-v^2/c^2} \tag{14.2.3}$$

式（14.2.3）表明，相对于杆静止的惯性系，杆的测得长度最长，为 l_0。而在相对于杆运动的惯性系，测得杆沿运动方向的长度均小于固有长度 l_0，此即狭义相对论的长度收缩效应。

例题 14.2.1 宇宙射线中的 $\pi^{\pm}$ 介子为不稳定粒子，其固有寿命约为 2.603×10^{-8}（s）。若 $\pi^{\pm}$ 介子以 $0.92c$ 的速率相对于地球做匀速直线运动，试求衰变前在地球参考系测得其通过的路程。

解：设地球参考系为 S，随同 $\pi^{\pm}$ 介子一起运动的惯性系为 S'，据题意有：

$$v = 0.92c,\ \tau = 2.603\times10^{-8}\text{(s)}$$

在地球参考系测得 $\pi^{\pm}$ 介子的寿命为：

$$\Delta t = \frac{\tau}{\sqrt{1-v^2/c^2}} = \frac{2.603\times10^{-8}}{\sqrt{1-(0.92)^2}} = 6.642\times10^{-8}\text{(s)}$$

故 $\pi^{\pm}$ 介子衰变前通过的路程为：

$$L = v\Delta t = 0.92c\times6.642\times10^{-8} = 18.32\text{(m)}$$

例题 14.2.2 设光子火箭相对于地球以速率 $v = 0.8c$ 做直线运动，若以火箭为参考系测得其长度为 15（m），试求以地球为参考系测得火箭的长度。

解：由式（14.2.3）得：

$$l = l_0\sqrt{1-v^2/c^2} = 15\sqrt{1-0.8^2} = 9\text{(m)}$$

即从地球测得火箭的长度仅为 9m 。

14.3 狭义相对论动力学基础

14.3.1 相对论质速关系

由经典力学的动能定理知，做功导致质点的动能增加，质点的运动速率增大，且速率增大无上限，然而实验证实这是错误的。例如在真空管的两个电极之间施加电势差，用以对其中的电子加速，实验发现，当电子速率越大时加速越困难，并且无论施加多大的电势差，电子的速率均不能达到光速。

如图 14.2 所示，S' 系相对于 S 系以速度 $\boldsymbol{u}$ 沿 x 轴正向运动，设 S 系有一静止于 x_0 处的粒子，由于内力的作用某时刻粒子分裂为完全相同的两部分 A 、B ，分别沿 x 轴正、反向运动，由动量守恒定律知，A 、B 的速率应相等，设为 u 。在 S' 系分裂前粒子的速度为 $-\boldsymbol{u}$，分裂后 A 、 B 的速度可由洛伦兹速度变换求得：

$$v'_A = \frac{v_A - u}{1-uv_A/c^2} = \frac{u-u}{1-uu/c^2} = 0$$

$$v'_B = \frac{v_B - u}{1-uv_B/c^2} = \frac{-u-u}{1-(-u)u/c^2} = \frac{-2u}{1+u^2/c^2} \tag{14.3.1}$$

若按经典力学的观点，质量为常量，设 $m_A = m_B = m$ ，很明显 $mv'_A + mv'_B \neq -2mu$ ，即在 S' 系中，分裂前后动量不守恒，这肯定有问题。该结果表明质量不再是常量，设其质量与速率有关，用 m_0 表示粒子的静止质量，m 表示粒子的运动质量。因分裂前后质量守恒，由动量守恒定律得：

$$-(m+m_0)u = mv'_B \tag{14.3.2}$$

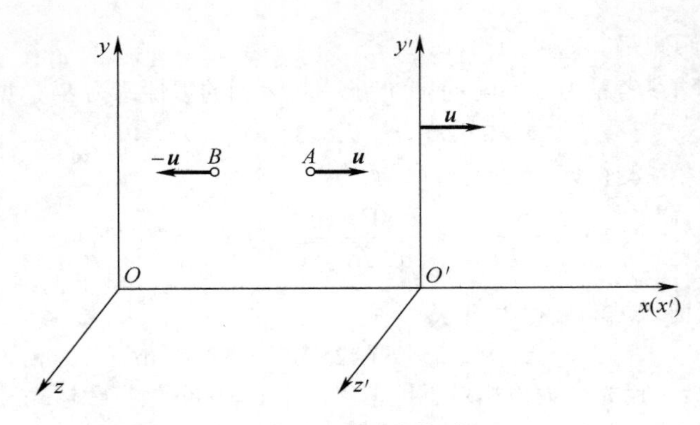

图 14.2　质速关系

由式（14.3.1）得：

$$u = \frac{c^2}{v_B'}\left(\sqrt{1-\frac{v_B'^2}{c^2}}-1\right)$$

将上式代入式（14.3.2），略去 v_B' 的上下标，表示运动物体相对于参考系的速率，则有：

$$m = \frac{m_0}{\sqrt{1-v^2/c^2}} \tag{14.3.3}$$

式（14.3.3）称为**相对论质速关系**，该关系改变了经典力学认为质量不变的观念，运动质量 $\boldsymbol{m}$ 也称为相对论性质量。从上式还可以看出，当物体的运动速率无限接近光速时，其相对论质量将无限增大，其惯性也将无限增大。故施以任何有限大的力均不可能将静质量不为零的物体加速到光速，可见任何动力学手段均不可能使得物体速度超过光速。

1966 年美国斯坦福投入运行的电子直线加速器全长 $3\times10^3\text{m}$ ，加速电势差为 $7\times10^6\text{V}\cdot\text{m}^{-1}$ ，将电子加速到 $0.9999999997c$ ，该实验证明了相对论质速关系的正确性。

14.3.2　相对论动力学基本方程

狭义**相对论动量**定义为：

$$\boldsymbol{P} = m\boldsymbol{v} = \frac{m_0\boldsymbol{v}}{\sqrt{1-v^2/c^2}} \tag{14.3.4}$$

可以证明，利用上式可使动量守恒定律在洛伦兹变换下保持其形式不变。式（14.3.4）为相对论动量，但在低速情况下，上式将过渡到经典力学的动量。

经典力学质点动量的时间变化率等于作用于质点的合力。在狭义相对论中该关系仍然成立，不过其中的动量应为式（14.3.4），即有：

$$F = \frac{\mathrm{d}\boldsymbol{P}}{\mathrm{d}t} = \frac{\mathrm{d}}{\mathrm{d}t}\left(\frac{m_0 \boldsymbol{v}}{\sqrt{1 - v^2 / c^2}}\right) \tag{14.3.5}$$

式（14.3.5）为**相对论动力学基本方程**。显然，当质点的速率 $v \ll c$ 时，上式将回归牛顿第二定律。由此可见，牛顿第二定律是物体在低速运动情况下狭义相对论动力学方程的近似。

14.3.3 相对论质能关系

经典力学质点动能的增量等于合外力所做的功，该规律在相对论力学中也适用。取质点的初速为零，相应的初动能为零，则在合外力 $\boldsymbol{F}$ 的作用下，质点速率由 $0 \to v$ 时其动能为：

$$E_k = \int \boldsymbol{F} \cdot \mathrm{d}\boldsymbol{r} = \int \frac{\mathrm{d}\boldsymbol{P}}{\mathrm{d}t} \cdot \mathrm{d}\boldsymbol{r} = \int \mathrm{d}(m\boldsymbol{v}) \cdot \boldsymbol{v} = \int (v^2 \mathrm{d}m + mv\mathrm{d}v) \tag{14.3.6}$$

由质速关系式（14.3.3）得：

$$m^2 v^2 = m^2 c^2 - m_0^2 c^2$$

两边微分并化简得：

$$v^2 \mathrm{d}m + mv\mathrm{d}v = c^2 \mathrm{d}m$$

代入式（14.3.6）得：

$$E_k = \int_{m_0}^{m} c^2 \mathrm{d}m = mc^2 - m_0 c^2$$

即有：

$$E_k = mc^2 - m_0 c^2 = \frac{m_0}{\sqrt{1 - v^2 / c^2}} c^2 - m_0 c^2 = \left(\frac{1}{\sqrt{1 - v^2 / c^2}} - 1\right) m_0 c^2 \tag{14.3.7}$$

式（14.3.7）即为狭义**相对论质点的动能**。将其中 $1/\sqrt{1 - v^2 / c^2}$ 应用二项式定理展开，当 $v << c$ 时有：

$$\frac{1}{\sqrt{1 - v^2 / c^2}} \approx 1 + \frac{1}{2}\left(\frac{v}{c}\right)^2$$

代入式（14.3.7）可得 $E_k = \frac{1}{2} m_0 v^2$，此式正是经典力学动能的表达式。

式（14.3.7）可改写为：

$$mc^2 = E_k + m_0 c^2 \tag{14.3.8}$$

爱因斯坦称上式的 $m_0 c^2$ 为物体静止时的能量，简称物体的**静能**，而 mc^2 则是物体的总能量，为静能与动能之和。物体的总能量若用 E 表示，则有：

$$E = mc^2 = \frac{m_0 c^2}{\sqrt{1 - v^2 / c^2}} \tag{14.3.9}$$

这就是著名的**相对论质能关系式**。该关系式揭示了质量和能量两个物质基本属性之间的内在联系，即一定的质量 m 相应地联系着一定的能量，即使处于静止状态的物体也具有能量 $E_0 = m_0c^2$。

质能关系式在原子核反应过程中得到证实。在重核裂变和轻核聚变过程，会发生静止质量减小的现象，称为**质量亏损**。由质能关系式可知，此时静止能量也相应减少。但总质量和总能量守恒，因此意味着部分静止能量转化为反应后粒子所具有的动能。而后者又可以通过适当方式转变为其他形式的能量释放出来，这就是核裂变和核聚变反应能够释放巨大能量的原因。例如原子弹、核电站的能量均来源于裂变反应，而氢弹和恒星能量则来源于聚变反应。质能关系式为人类和平利用核能奠定了理论基础，是狭义相对论对人类的重要贡献之一。

例题 14.3.1 氢弹爆炸时其中一个聚变反应为：

$${}_1^2H + {}_1^3H \rightarrow {}_2^4H_e + {}_0^1n$$

已知各粒子静止质量分别为 $m_0({}_1^2H) = 3.3437\times10^{-27}\,\text{kg}$， $m_0({}_1^3H) = 5.0049\times10^{-27}\,\text{kg}$，$m_0({}_2^4H_e) = 6.6425\times10^{-27}\,\text{kg}$， $m_0({}_0^1n) = 1.6750\times10^{-27}\,\text{kg}$。若反应前粒子动能相对较小，试计算反应后粒子所具有的总动能。

解：反应前、后的粒子静止质量之和分别为：

$$m_{10} = m_0({}_1^2H) + m_0({}_1^3H) = 8.3486\times10^{-27}\,\text{kg}$$

$$m_{20} = m_0({}_2^4H_e) + m_0({}_0^1n) = 8.3175\times10^{-27}\,\text{kg}$$

反应前后总能量守恒，即有：

$$m_{10}c^2 = m_{20}c^2 + E_k$$

其中 E_k 为反应后粒子所具有的总动能，且有：

$$E_k = (m_{10} - m_{20})c^2 = 0.0311\times10^{-27}\times9\times10^{16} = 2.80\times10^{-12}\,\text{J} = 17.5\text{MeV}$$

在研究微观粒子时，常用电子伏特 eV 作为能量的单位，且 $1\text{eV}=1.602\times10^{-19}\text{J}$。故上述粒子总动能也可用电子伏特为单位。

14.4 早期量子理论

14.4.1 黑体辐射和普朗克的能量子假设

1. 黑体辐射

组成物质的分子均包含带电粒子，当分子做热运动时会向外辐射电磁波，由于这种电磁波辐射与温度有关，故称为**热辐射**。实验表明热辐射能谱为连续谱，辐射的能量及其按波长的分布均随温度变化。且随温度的升高，不仅辐射能量增大，而且辐射能的波长范围向短波区移动。物质在辐射电磁波的同时，也吸收投射到其表面的电磁波。理论和实验均表明，物质的辐射本领越大，其吸收本领也越大，反之亦然。当辐射和吸收达到平衡时，物质的温度不再变化而处于热平衡状态，此时的热辐射称为**平衡热辐射**。

投射到物体表面的电磁波，可能被物体吸收，也可能被物体反射或透射。全部吸收各种波长辐射能的物体称为**绝对黑体**，简称**黑体**，是一种理想模型。图 14.3 为用实验方法测得不同温度黑体辐射能量随波长的分布曲线，其纵坐标 $M_{B\lambda}(T)$ 表示黑体单位表面积单位时间内，辐射的在波长 λ 附近单位波长区间内的能量，称为**单色辐出度**。

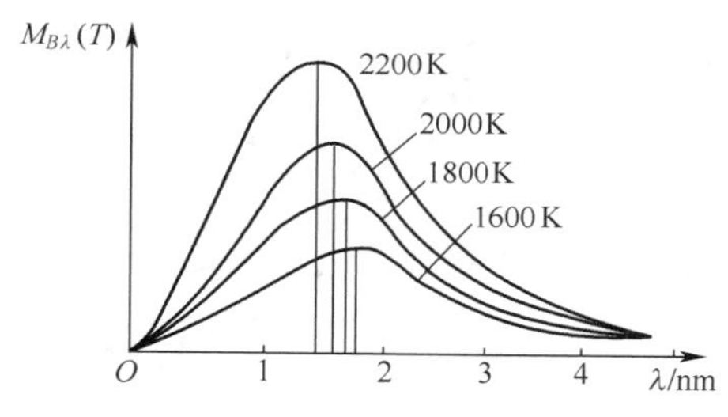

图 14.3　黑体辐射实验曲线

黑体辐射的特点可由两个基本定律描述：首先是斯特藩-玻耳兹曼定律 $M(T)=\sigma T^4$，其中 $M(T)$ 表示单位时间内黑体单位面积辐射的总能量，T 表示黑体热力学温度，$\sigma=5.67\times10^{-8}\,\mathrm{W\cdot m^{-2}\cdot K^{-4}}$ 称为斯特藩-玻耳兹曼常数。该公式表示：黑体的总辐射能量与其热力学温度的四次方成正比。其次为维恩位移定律 $\lambda_m T=b$，即黑体单色辐出度的最大值对应的波长 λ_m 与其绝对温度 T 成反比，$b=2.898\times10^{-3}\,\mathrm{m\cdot K}$ 称为维恩常量。上述两个定律在现代科学技术中有着广泛的应用，如用于测量高温物体温度的光测高温法就是在两个定律的基础上建立起来的，两个定律也是遥感技术和红外跟踪技术的理论依据。

实验测出黑体辐射的实验曲线后，物理学家尝试从理论上导出该曲线的函数形式。维恩（W.Wien，1864～1928 年）于 1893 年根据热力学和统计力学导出了维恩公式，但该公式只是在短波波段与实验曲线相符，而在长波波段明显偏离实验曲线，如图 14.4 所示。1900 年，瑞利（J.W.S.Rayleigh，1842～1919 年）和金斯（J.H.Jeans，1877～1946 年）应用经典电动力学和经典统计物理学导出了黑体单色辐出度与波长和温度关系瑞利-金斯公式。该公式在长波波段与实验相符，但在短波波段与实验曲线有明显差异，如图 14.4 所示。这就是物理学史上著名的“紫外灾难”。

2. 普朗克的能量子假设

普朗克（M.Planck，1858～1947 年）于 1900 年修改了维恩公式和瑞利-金斯公式，寻找到一个与实验结果相符较好的公式，即普朗克公式：

$$M_{B\lambda}(T)=\frac{2\pi hc^2}{\lambda^5}\left(\frac{1}{e^{hc/\lambda kT}-1}\right) \tag{14.4.1}$$

其中 $h=6.626\times10^{-34}\,\mathrm{J\cdot s}$ 为**普朗克常数**。普朗克发现此公式不可能单纯由经典理论得到，于是他大胆提出了普朗克能量子假设。普朗克指出，物体若发射或吸收频率为 ν 的电磁辐射，只能以 $\varepsilon=h\nu$ 为单位进行，该最小能量单位为**能量子**，物体发射或吸收的电磁辐射能量总是能量子的整数倍，即有：

$$E = n\varepsilon = nh\nu \quad (n = 1, 2, 3, \cdots) \qquad (14.4.2)$$

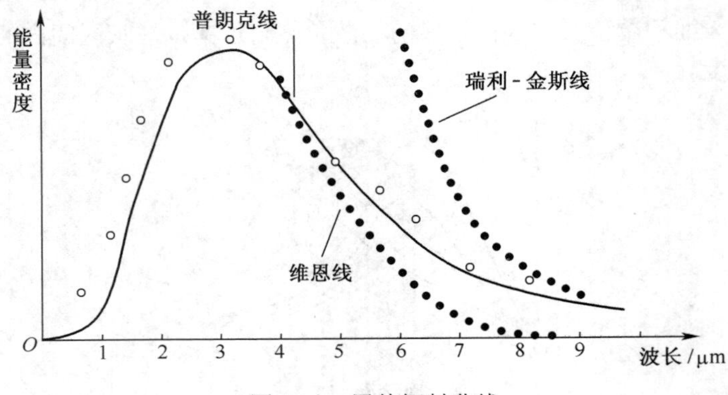

图 14.4　黑体辐射曲线

普朗克的能量子思想与经典物理学理论不相容，也正是这一新思想，使物理学发生了划时代的变化，宣告了量子物理的诞生，普朗克也因此荣获 1918 年度的诺贝尔物理学奖。

14.4.2　光电效应和光量子理论

普朗克的能量子假设提出后的最初几年，并未受到人们的重视，甚至普朗克本人也总是试图回到经典物理的轨道上去。最早认识到普朗克假设重要意义的是爱因斯坦，他在 1905 年发展了普朗克的思想，提出了光子假设，成功地解释了光电效应实验结果。

1. 光电效应

金属在光的照射下有电子从其表面逸出，该现象称为**光电效应**。光电效应逸出金属表面的电子称为**光电子**。光电子在电场的作用下所形成的电流称为**光电流**。实验研究表明，光电效应有如下规律：

（1）若入射光频率小于某频率 ν_0，则不论入射光强度多大，均不能产生光电效应，频率 ν_0 称为该金属的**光电效应截止频率**，也称为红限，每一种金属均有各自的红限；

（2）光电子的初动能与入射光的强度无关，而与入射光频率成线性关系；

（3）只要入射光的频率大于该金属的红限，当光照射该金属表面时，立即产生光电子，滞后时间不超过 10^{-9}s 。

2. 爱因斯坦光量子理论

对于上述实验事实，经典物理学理论无法给出合理的解释。按照光的波动理论，光波的能量由光强决定，在光照射下束缚在金属内的“自由电子”将从入射光波中吸收能量而逸出表面，因而逸出光电子的初动能应由光强决定，但光电效应中光电子的初动能却与光强无关。另外，若光波供给金属“自由电子”逸出表面所需的足够能量，光电效应对各种频率的光都能发生，不应该存在红限，而且光电子从光波中吸收能量应有一个积累过程，光强越弱，发射光子所需要的时间就越长，这些均与光电效应的实验事实相矛盾。

为了从理论上解释光电效应，爱因斯坦发展了普朗克的能量子假设，提出了如下光子假设：一束光就是一束以光速运动的粒子流，这些粒子称为光量子，简称**光子**，频率为 ν 的光子所具有的能量为 $h\nu$ 。

按照光子理论，当频率为 ν 的光照射金属表面时，金属中的电子将吸收光子，获得 $h\nu$ 的能量，该能量的一部分用于电子逸出金属表面所需要的功，称为逸出功 W ；另一部分则转变为逸出电子的初动能。根据能量守恒定律有：

$$h\nu = \frac{1}{2}mv^2 + W \tag{14.4.3}$$

式（14.4.3）即为**爱因斯坦光电效应方程**。

依据光子理论，由于每一个电子从光波中得到的能量只与单个光子的能量 $h\nu$ 有关，故光电子的初动能与入射光的频率成线性关系，与光强无关。当光子的能量 $h\nu$ 小于逸出功，即入射光的频率 ν 小于红限 ν_0 时，电子就不能从金属表面逸出。另外，光子与电子作用时，光子一次性将能量全部传递给电子，不需要时间积累，因而光电效应瞬时完成。光子理论成功地解释了光电效应实验结果，爱因斯坦也因此获得1921年度的诺贝尔物理学奖。

光电效应的研究不仅推动了物理理论的发展，而且利用光电效应原理制作的多种光电器件，广泛应用于日常生活、工业技术和军事技术等领域。例如，光电倍增管可使光电流增大，将微弱的光信号转换成电信号，常用于侦测辐照度非常微弱的光束，是功能优良的测量仪器。而光电管则可用于记录和测量光通量，广泛应用于光电自动装置、传真电报、电影放映机和录音机等设备。红外光敏电阻器可用于光报警装置、人体病变探测以及红外通信等领域。

3. 光的波粒二象性

光子理论被黑体辐射、光电效应所证实。1901年列别捷夫用精密的实验方法测出了数量级极小的光压，从而进一步证明了光子假设。而光的干涉、衍射和偏振也有利地证明了光在传播过程中的波动性。因此，在对光本性的解释上，不应在光子论和波动论之间进行取舍，而应该把二者看作光本性的不同侧面的描述。即光具有波动和粒子两种特性，称为**光的波粒二象性**。

既是粒子又是波，光已不再是经典物理范畴的波，也不是经典物理范畴的粒子，而是近代物理范畴的波和粒子的统一。光是由具有一定能量、动量和质量的光子所组成，在空间某处发现光子的概率遵从波动规律。描述光子特征的能量 E 与描述其波动特征的频率 ν 之间的关系为：

$$E = h\nu$$

由狭义相对论可知，质量为 m 的物质具有能量 $E = mc^2$ ，每一个光子具有能量

E，则相应的质量为：

$$m=\frac{E}{c^2}=\frac{h\nu}{c^2}$$

由于光子具有一定的质量 m 和速率 c，则其动量为：

$$p=mc=\frac{E}{c}=\frac{h\nu}{c}=\frac{h}{\lambda} \tag{14.4.4}$$

由光子的能量、动量表达式可以看出，普朗克常数 h 将描述光粒子性的物理量 E、p 和描述光波动性的物理量 ν、λ 联系起来。

14.4.3 氢原子光谱和玻尔的量子论

1. 氢原子光谱的规律

19 世纪后半叶对原子光谱做了大量的实验研究发现，各种元素的原子光谱均由分立的谱线组成，且谱线的分布具有确定的规律。最简单的氢原子具有最简单的光谱，对氢原子光谱的研究具有重要的意义，是进一步研究原子、分子光谱的基础。

1890 年里德伯（J.R.Rydberg，1854～1919 年）在前人的研究基础上总结出氢原子光谱公式为：

$$\sigma=\frac{1}{\lambda}=R\left(\frac{1}{k^2}-\frac{1}{n^2}\right) \quad (k=1, 2, 3, \cdots;\ n=k+1,\ k+2,\ k+3,\cdots) \tag{14.4.5}$$

其中 λ 为波长，σ 为波数，$R=1.097\times10^7(\mathrm{m}^{-1})$ 称为里德伯常数。

在氢原子光谱中，除了可见光范围的巴耳末线系以外，在紫外区、红外区和远红外区分别有赖曼系、帕邢系、布拉开系和普丰德系。k 取 1、2、3、4、5 分别对应于赖曼线系、巴耳末线系、帕邢线系、布拉开线系和普丰德线系，一旦 k 值取定后，n 将从 $k+1$ 开始取，$k+1$、$k+2$、$k+3$ 等分别代表同一线系中的不同谱线。

2. 玻尔的量子论

卢瑟福（E.Rutherford，1871～1937 年）于 1911 年提出了原子的核式结构模型，该模型成功地解释了 α 粒子通过金属箔的散射实验，但无法解释氢原子光谱的规律性。玻尔（N.H.D.Bohr，1885～1962 年）将普朗克和爱因斯坦的量子理论首次应用到原子系统，于 1913 年创立了氢原子结构的半经典量子理论，使人们对于原子结构的认识向前推进了一大步。玻尔理论的基本假设为：

（1）原子只能处在一系列具有不连续能量的稳定状态，简称**定态**。处于定态的核外电子在一系列不连续的稳定圆轨道上运动，但不辐射电磁波；

（2）当电子以速率 v 在半径为 r 的圆周上绕核运动时，电子的角动量 L 只能取 $h/2\pi$ 的整数倍，即有：

$$L=rm_ev=n\frac{h}{2\pi}=n\hbar \quad (n=1, 2, 3, \cdots) \tag{14.4.6}$$

上式称为**角动量量子化条件**，n 称为主量子数，m_e 为电子质量；

（3）当原子在能量为 E_k 、 E_n 的定态间跃迁时，将辐射或吸收一定频率的光子，且有：

$$h\nu = E_k - E_n \tag{14.4.7}$$

上式称为**跃迁频率条件**。

玻尔还提出，电子在半径为 r 的定态圆轨道上，以速率 v 绕核做圆周运动时，向心力为库仑力，因而有：

$$m\frac{v^2}{r} = \frac{1}{4\pi\varepsilon_0}\cdot\frac{e^2}{r^2} \tag{14.4.8}$$

结合式（14.4.6）消去 v，即可得到原子处于第 n 个定态的电子轨道半径为：

$$r_n = n^2\left(\frac{\varepsilon_0 h^2}{\pi m e^2}\right) = n^2 a_0 \quad (n=1, 2, 3, \cdots) \tag{14.4.9}$$

$$a_0 = \frac{\varepsilon_0 h^2}{\pi m e^2} = 5.29177249\times10^{-11}(\mathrm{m}) \tag{14.4.10}$$

其中 a_0 对应于 $n=1$ 的轨道半径，是氢原子的最小轨道半径，称为**玻尔半径**。

氢原子的能量为电子的动能与势能之和，即有：

$$E = \frac{1}{2}mv^2 - \frac{1}{4\pi\varepsilon_0}\cdot\frac{e^2}{r} = -\frac{1}{8\pi\varepsilon_0}\cdot\frac{e^2}{r}$$

处于量子数为 n 的定态时，将式（14.4.9）代入上式得：

$$E_n = -\frac{1}{8\pi\varepsilon_0}\cdot\frac{e^2}{r_n} = -\frac{1}{n^2}\left(\frac{me^4}{8\varepsilon_0^2 h^2}\right) \quad (\mathrm{n}=1, 2, 3, \cdots) \tag{14.4.11}$$

由此可见，氢原子电子轨道角动量不能连续变化，氢原子的能量也只能取一系列不连续的值，称之为**能量量子化**，量子化的能量值称为**原子的能级**。式（14.4.11）为**氢原子能级公式**。通常氢原子处于能量最低的状态，称为**基态**，对应于主量子数 $n=1$，$E_1=-13.6\mathrm{eV}$ 。$n>1$ 的各个稳定状态的能量均大于基态的能量，称为**激发态**。随着量子数 n 的增大，能量 E_n 也增大，能量间隔减小。当 $n\to\infty$ 时，$r_n\to\infty$，$E_n\to 0$，能级趋于连续，原子趋于电离。$E>0$ 时，原子处于电离状态，能量可连续变化。使原子或分子电离所需要的能量称为**电离能**。由玻尔理论计算出的氢原子基态能量值，与实验测得的氢原子基态电离能的值13.6eV 相符。图 14.5 和图 14.6 分别为氢原子处于各定态的电子轨道图和氢原子的光谱图。

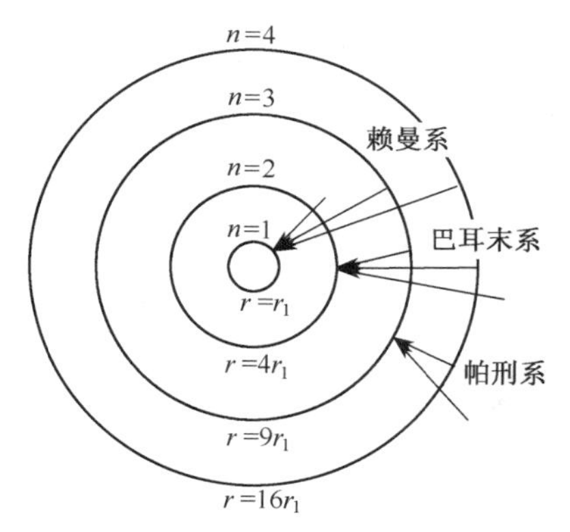

图 14.5　氢原子定态的轨道图

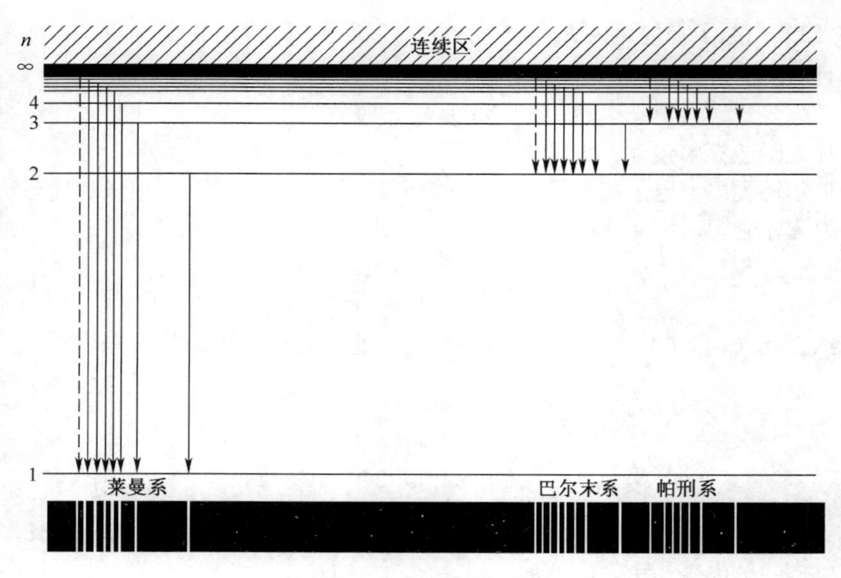

图 14.6　氢原子光谱

处于激发态的原子会自动跃迁到能量较低的激发态或基态，同时释放出能量等于两个状态能量差的光子，这种自发进行的辐射称为自发辐射。白炽灯、日光灯等普通光源的发光过程属于自发辐射过程。爱因斯坦通过研究指出，当处于激发态的原子受到能量为 $h\nu = E_2 - E_1$ 的外来光子的激发时，会从高能态 E_2 跃迁到低能态 E_1，同时辐射一个与外来光子相同特征的光子，这种辐射称为**受激辐射**。一个光子入射到原子系统后，通过受激辐射变为两个完全相同的光子，这两个光子再引起其他原子产生受激辐射，会产生更多完全相同的光子，这些受激辐射得到的光称为**激光**。由于激光相比普通光具有良好的方向性、单色性和相干性，且能量集中，故在材料加工、精密测量、通信技术、信息处理、医疗、国防、农业及日常生活等领域广泛应用。例如，在测量方面，激光测距系统现已广泛应用到大地勘测、桥梁建筑、天气探测等领域，而激光测速仪器则可精确测量风速、水速、汽车的车速以及各种物体在生产加工中的移动速度等。在工业加工方面，激光可用于切割、焊接、表面处理、电阻微调等。在医疗方面主要应用于激光生命科学研究、激光诊断、激光治疗。日常生活中第一次使用激光是 1974 年推出的超市条码扫描仪，光盘在 1978 年推出，1982 年激光打印机问世。

以下应用玻尔理论研究氢原子光谱的规律。按照玻尔假设，当原子从较高能态 E_n 向较低能态 E_k（$n > k$）跃迁时，发射一个光子，其频率和波数为：

$$\nu = \frac{E_n - E_k}{h} \tag{14.4.12}$$

$$\sigma = \frac{1}{\lambda} = \frac{\nu}{c} = \frac{1}{hc}(E_n - E_k) \tag{14.4.13}$$

将式（14.4.11）代入上式即可得到氢原子光谱的波数公式为：

$$\sigma = \frac{me^4}{8\varepsilon_0^2 h^3 c}\left(\frac{1}{k^2}-\frac{1}{n^2}\right) \quad (n > k) \tag{14.4.14}$$

显然上式与氢原子光谱的经验公式（14.4.5）一致，同时还可得到里德伯常数的理论值为：

$$R_{理} = \frac{me^4}{8\varepsilon_0^2 h^3 c} = 1.0973731\times10^7(\mathrm{m}^{-1}) \tag{14.4.15}$$

式（14.4.15）的理论值与实验符合得很好。这表明玻尔理论在解释氢原子光谱的规律性方面十分成功，同时也说明该理论在一定程度上反映了原子内部的规律。

玻尔的半经典量子理论在解释光的谱线规律方面取得了前所未有的成功。但是该理论也有较大的局限性，如只能计算氢原子和类氢离子的光谱线，对其他稍微复杂的原子无能为力。另外，该理论完全没有涉及谱线强度、宽度及偏振性等内容。从理论体系上讲，该理论的根本问题是以经典理论为基础，又加上与经典理论不相容的若干假设，如定态不辐射和量子化条件等，因此远不是一个完善的理论。但玻尔理论第一次使光谱实验得到了理论上的说明，第一次指出经典理论不能完全适用于原子，揭示出微观体系特有的量子化规律，因此是原子物理发展史上重要的里程碑，对于量子力学理论的建立起到了巨大的推动作用。

14.5 德布罗意波 不确定关系

14.5.1 微观粒子的波粒二象性

法国物理学家德布罗意（L.V.de Broglie，1892～1987年）分析了光的微粒说和波动说，深入研究了光子假设，于1924年大胆地提出了波粒二象性假设。他认为质量为m，速率为v的自由粒子，既可用能量E、动量p描述其粒子性，还可用频率ν、波长λ描述其波动性。两者的关系与光的波粒二象性所描述的关系相同，即有：

$$\nu = \frac{E}{h} = \frac{mc^2}{h}, \quad \lambda = \frac{h}{p} = \frac{h}{mv} \tag{14.5.1}$$

式（14.5.1）称为**德布罗意关系式**。这种与实物粒子相联系的波称为**德布罗意波**，也称**物质波**。德布罗意因这一开创性工作获得1929年度的诺贝尔物理学奖。

由于自由粒子的能量和动量均为常量，故与自由粒子相联系的波的频率和波长均不变，这说明与自由粒子相联系的德布罗意波可用平面波描述。

对于静质量为m_0，速率为v的实物粒子，其德布罗意波长为：

$$\lambda=\frac{h}{p}=\frac{h}{m_0 v}\sqrt{1-\frac{v^2}{c^2}} \tag{14.5.2}$$

1927年，戴维孙（C.J.Davisson，1881～1958年）和革末（L.H.Germer，1896～1971年）做电子束在晶体表面散射实验时，观察到了与X射线在晶体表面衍射相似的电子衍射现象，从而证实了电子具有波动性。后来的实验证实了不仅电子具有波动性，其他微观粒子，如原子、质子和中子等均具有波动性。微观粒子的波动性在现代科学技术领域已得到广泛的应用，例如应用电子的波动性，研制出高分辨率的电子显微镜；应用中子的波动性，成功研制中子摄谱仪。

原子中绕核运动的电子无疑也具有波动性。处于定态中的电子形成驻波的情形，与端点固定的振动弦线形成驻波的情形相似。原子中电子形成的驻波如图14.7所示，当电子波距原子核为r的圆周上形成驻波时，其圆周长必定等于电子波长的整数倍，即有：

$$2\pi r=n\lambda\ （n=1，2，3，\cdots） \tag{14.5.3}$$

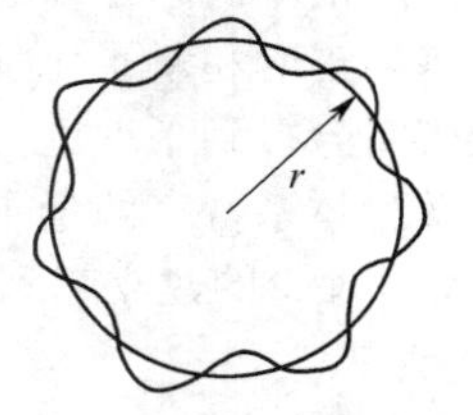

图14.7　电子驻波

利用德布罗意关系，电子的轨道角动量应满足：

$$L=rP=n\frac{\lambda}{2\pi}\cdot\frac{h}{\lambda}=n\frac{h}{2\pi}=n\hbar\quad （n=1，2，3，\cdots） \tag{14.5.4}$$

这正是玻尔作为假设引入的角动量量子化条件。

例题14.5.1　在不考虑相对论效应的前提下，试计算经过电势差$U=150$（V）加速后电子的德布罗意波长。

解：经过U加速后，电子的动能和速率分别为：

$$\frac{1}{2}m_0 v^2=eU,\quad v=\sqrt{\frac{2eU}{m_0}}$$

其中m_0为电子的静止质量。利用德布罗意关系可得其德布罗意波长为：

$$\lambda=\frac{h}{m_0 v}=\frac{h}{\sqrt{2m_0 e}}\cdot\frac{1}{\sqrt{U}}=\frac{12.25}{\sqrt{U}}\times10^{-10}=1\times10^{-10}\text{（m）}$$

由此可见，在$U=150$（V）时，电子的德布罗意波长与X射线的波长相近。由德布罗意关系同样可计算出质量$m=0.001$（kg），速率$v=300$（$\mathrm{m\cdot s^{-1}}$）的子弹的德布罗意波长为$\lambda=2.21\times10^{-33}$（m）。可见宏观粒子的德布罗意波长非常小，难以观察到其波动性，故宏观粒子仅表现出其粒子性。

14.5.2 不确定关系

经典力学的粒子在任何时刻都有完全确定的位置和动量，粒子的运动也具有确定的轨道。然而微观粒子具有明显的波动性，以至于其物理量不可能同时具有确定的值。例如微观粒子的位置坐标和动量、微观粒子的角坐标和角动量均不能同时具有确定的量值。而且其中一个物理量的不确定程度越小，另一个物理量的不确定程度就越大。

1927 年，德国物理学家海森伯（W.K.Heisenberg，1901～1976 年）指出微观粒子不能同时具有确定的位置坐标和动量，同一时刻位置坐标的不确定量与该方向的动量不确定量的乘积大于或等于 $\hbar/2$，即有：

$$\Delta x \cdot \Delta p_x \geqslant \frac{\hbar}{2} \tag{14.5.5}$$

式（14.5.5）称为海森伯**坐标和动量的不确定关系式**。

该结论直接来源于微观粒子的波粒二象性，可借助于电子单缝衍射实验结果粗略计算。如图 14.8 所示，设单缝宽度为 Δx，使一束电子沿垂直于狭缝的方向射出，在缝后放置照相底片，以记录电子落在底片上的位置。

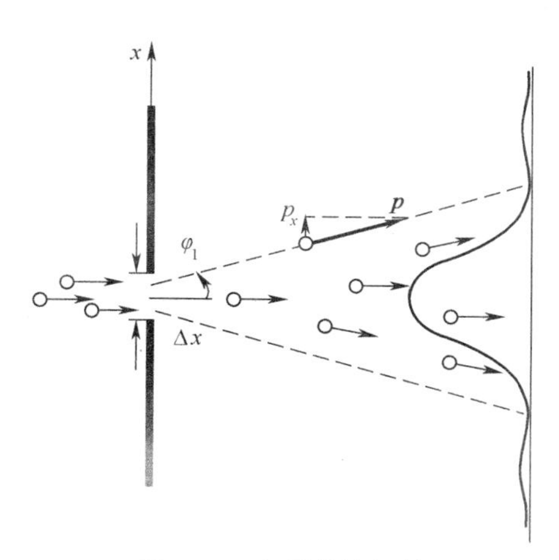

图 14.8　电子单缝衍射

电子可以从缝上任何一点通过，因此其位置的不确定量就是缝宽 Δx。由于电子具有波动性，底片上呈现与光的单缝衍射相似的单缝电子衍射图样，电子流强度的分布如图 14.8 所示。显然电子在通过狭缝时，其横向动量也有不确定量 Δp_x，可从衍射电子的分布估算 Δp_x 的大小，首先考虑到达单缝衍射中央明纹区域的电子，设 φ_1 为中央明纹旁第一级暗纹的衍射角，则 $\sin\varphi_1 = \lambda/\Delta x$，又有 $\Delta p_x = p\sin\varphi_1$，再由德布罗意关系式可得：

$$\Delta p_x = p\sin\varphi_1 = \frac{h}{\lambda}\cdot\frac{\lambda}{\Delta x} = \frac{h}{\Delta x}$$

考虑还有一些电子落在中央明纹以外区域，$\Delta p_x \geqslant h/\Delta x$，从而得到电子单缝衍射粗略估算结果$\Delta x\Delta p_x \geqslant h$。

不确定关系式（14.5.5）表明，微观粒子的位置坐标和同一方向的动量不可能同时具有确定值。减小Δx，将使Δp_x增大，即位置坐标确定越准确，动量确定就越不准确，这与实验结果一致，例如单缝衍射实验，狭缝越窄，电子在底片上分布的范围就越宽。因此，对于具有波粒二象性的微观粒子，不可能再用位置坐标和动量描述其运动状态，经典力学规律不再适用，轨道的概念失去意义。但若粒子坐标和动量的不确定量相对较小，说明粒子的波动性不显著，则仍可应用经典力学处理。

例题 14.5.2 由玻尔理论计算得到，氢原子中电子的运动速率为$2.2\times10^6\,\mathrm{m\cdot s^{-1}}$，若其不确定量为$1.0\%$，试求电子位置的变化范围。

解：由不确定关系可得：

$$\Delta x \geqslant \frac{\hbar}{2\Delta p} = \frac{\hbar}{2m_e\Delta v} = \frac{1.05\times10^{-34}}{2\times9.11\times10^{-31}\times2.2\times10^6\times0.01} = 2.6\times10^{-9}(\mathrm{m})$$

此值已超出原子的线度$10^{-10}\,\mathrm{m}$。所以就原子中的电子而言，其具有确定的位置同时又具有确定的速率无意义。显然，由于微观粒子的波动性，核外电子轨道的概念也无意义。

不确定关系不仅存在于坐标和动量之间，也存在于能量和时间之间，若微观粒子处于某一状态的时间间隔为Δt，则其能量必定有不确定能量ΔE，由量子力学可推出二者之间有如下关系：

$$\Delta E\cdot\Delta t \geqslant \frac{\hbar}{2} \tag{14.5.6}$$

式（14.5.6）称为**能量和时间的不确定关系**。将其应用于原子系统可以讨论原子受激态能级宽度ΔE和该能级平均寿命Δt之间的关系。显然，受激态的平均寿命越长，能级宽度就越小，跃迁到基态所发射的光谱线的单色性就越好。

不确定关系是微观粒子具有波粒二象性的反映，是物理学中重要的基本规律，在微观世界的各个领域均有广泛的应用。

14.6 波函数 薛定谔方程

14.6.1 波函数及其统计解释

经典力学对于视为质点的物体的运动状态，由其位矢和动量描述。但是对于微观粒子，由于具有波动性，由不确定关系知，其位置和动量不能同时具有确定值，故不可能再用位置、动量及轨道这些经典概念描述其运动状态。微观粒子的运动状态称为**量子态**，用波函数描述，波函数所反映的微观粒子的波动性，就是德布罗意波，这是量子力学的一个基本假设。

例如一个沿 x 轴正方向运动不受外力作用的自由粒子，由于其能量 E 和动量 p 是恒量，由德布罗意关系式可知，其物质波的频率 ν 和波长 λ 均不随时间变化，因此自由粒子的德布罗意波是一个单色平面波。

对机械波和电磁波来说，沿 x 轴正方向传播的单色平面简谐波的波函数为：

$$y(x,t)=A\cos 2\pi\left(\nu t-\frac{x}{\lambda}\right)$$

将上式改写为复数形式，取其实部为：

$$y(x,t)=A\mathrm{e}^{-i2\pi(\nu t-x/\lambda)}$$

故沿 x 轴正方向运动的自由粒子的德布罗意波的波函数可表示为：

$$\psi(x,t)=\psi_0\mathrm{e}^{-i(Et-px)/\hbar}$$

其中 ψ_0 为待定常数。对于在各种外力场中运动的粒子，其波函数随外场的变化而变化。

1926 年玻恩（M.Born，1882～1970 年）提出了物质波的统计解释。量子力学的波函数，不像经典力学的波函数那样代表某物理量在空间的波动，而是描述粒子在空间的概率分布。玻恩认为实物粒子的德布罗意波是一种概率波，粒子 t 时刻在空间某点附近的体积元 $\mathrm{d}V$ 中出现的概率为：

$$\mathrm{d}W=|\psi|^2\,\mathrm{d}V=\psi^*\psi\,\mathrm{d}V \tag{14.6.1}$$

其中 ψ^* 是 ψ 的复共轭。由式（14.6.1）可知，波函数的模方 $|\psi|^2$ 代表 t 时刻粒子在空间某点单位体积中出现的概率，称为**概率密度**。这就是波函数的物理意义，是量子力学的基本假设之一。

波函数的这种统计解释将量子概念下的波和粒子统一起来。其量子概念中的粒子性表现为具有确定的能量、确定的动量和确定的质量等粒子属性。而 t 时刻，一个粒子总是作为整体出现在某处，但粒子的运动不再具有确定的轨道。量子概念中的波动性是指用波函数的模方表示在空间某处出现的概率密度，而波函数并不代表某个实在的物理量在空间的波动。

由于用波函数的模方表示粒子在空间出现的概率密度分布，故波函数允许包含一个任意常数因子，如 $A\psi$ 和 ψ 表示相对概率密度相同的同一个量子态。

既然波函数与粒子在空间出现的概率相联系，故波函数必定是单值的、连续的和有限的，这是波函数的标准条件。又因为粒子必定要在空间的某点出现，因此粒子在空间各点出现概率的总和应为 1，即有：

$$\int|\psi|^2\,\mathrm{d}V=1 \tag{14.6.2}$$

式（14.6.2）称为**波函数的归一化条件**，其中积分区域遍及粒子可能达到的所有空间，凡满足该条件的波函数称为**归一化波函数**。经典力学波动遵从波的叠加原理，即各列波共同在某点引起的振动，是各列波单独在该点所引起的振动的合成。在量子力学中也有一个类似的原理，称为**态叠加原理**，即若波函数$\psi_1,\psi_2,\cdots$，均为描述系统的可能的量子态，则其线性叠加：

$$\psi = c_1\psi_1 + c_2\psi_2 + \cdots \tag{14.6.3}$$

也是该系统一个可能的量子态，式中c_1、c_2是任意复数。态叠加原理是量子力学原理的又一个基本假设，适用于一切微观粒子的量子态。

14.6.2 薛定谔方程

薛定谔（E.Schrodinger，1887～1961年）于1926年建立了适用于低速情况下描述微观粒子在力场中运动的波函数所满足的微分方程，即物质波波函数所满足的方程，称为**薛定谔方程**。

1. 薛定谔方程的建立

对于能量为E，动量为$\boldsymbol{p}$的一个自由粒子的波函数为：

$$\psi(x,y,z,t) = \psi_0 \mathrm{e}^{-i[Et-(xp_x+yp_y+zp_z)]/\hbar} \tag{14.6.4}$$

将上式两边对时间t求偏导得到：

$$\frac{\partial\psi}{\partial t} = -\frac{i}{\hbar}E\psi \tag{14.6.5}$$

将式（14.6.4）对x求二次偏导得到：

$$\frac{\partial^2\psi}{\partial x^2} = -\frac{p_x^2}{\hbar^2}\psi$$

同理：

$$\frac{\partial^2\psi}{\partial y^2} = -\frac{p_y^2}{\hbar^2}\psi,\quad \frac{\partial^2\psi}{\partial z^2} = -\frac{p_z^2}{\hbar^2}\psi$$

将上述三式相加，由于$p^2 = p_x^2 + p_y^2 + p_z^2$，得到：

$$\left(\frac{\partial^2}{\partial x^2}+\frac{\partial^2}{\partial y^2}+\frac{\partial^2}{\partial z^2}\right)\psi = -\frac{p^2}{\hbar^2}\psi$$

因为拉普拉斯算符$\nabla^2 = \dfrac{\partial^2}{\partial x^2}+\dfrac{\partial^2}{\partial y^2}+\dfrac{\partial^2}{\partial z^2}$，则有：

$$\nabla^2\psi = -\frac{p^2}{\hbar^2}\psi$$

对于质量为m的自由粒子，$E = \dfrac{p^2}{2m}$，则上式变为：

$$-\frac{\hbar^2}{2m}\nabla^2\psi = E\psi$$

将上式代入式（14.6.5）得到：

$$-\frac{\hbar^2}{2m}\nabla^2\psi = i\hbar\frac{\partial\psi}{\partial t} \qquad (14.6.6)$$

式（14.6.6）为自由粒子波函数所满足的微分方程，称为**自由粒子的薛定谔方程**。

当质量为 m 的粒子在外力场中运动时，其势能 V 可能是空间坐标和时间的函数，即 $V=V(x,y,z,t)$，相应的能量为：

$$E=\frac{1}{2m}(p_x^2+p_y^2+p_z^2)+V(x,y,z,t)$$

由式（14.6.6）得到：

$$-\frac{\hbar^2}{2m}\nabla^2\psi + V\psi = i\hbar\frac{\partial\psi}{\partial t} \qquad (14.6.7)$$

式（14.6.7）为微观粒子在外力场中的运动方程，称为**薛定谔方程**。该方程是关于空间、时间的线性偏微分方程，具有波动方程的形式。将该方程应用于分子、原子等微观体系所得到的大量结果与实验相符合，薛定谔也因在创立量子理论方面的贡献而荣获 1933 年度的诺贝尔物理学奖。

2. 定态薛定谔方程

一般情况下，势能函数是空间和时间的函数，但有些情况下，势能函数只与空间坐标有关，即 $V=V(x,y,z)$。这种情况下，波函数可以分离为坐标函数和时间函数的乘积：

$$\psi(x,y,z,t)=\psi(x,y,z)f(t) \qquad (14.6.8)$$

将其代入薛定谔方程式（14.6.7）得到：

$$i\hbar\psi(x,y,z)\frac{\partial f(t)}{\partial t} = -\frac{\hbar^2}{2m}\nabla^2\psi(x,y,z)f(t)+V(x,y,z)\psi(x,y,z)f(t) \qquad (14.6.9)$$

两边除以 $\psi(x,y,z)f(t)$ 得到：

$$i\hbar\frac{1}{f(t)}\cdot\frac{\partial f(t)}{\partial t} = -\frac{\hbar^2}{2m}\cdot\frac{\nabla^2\psi(x,y,z)}{\psi(x,y,z)}+V(x,y,z) \qquad (14.6.10)$$

上式左边为时间的函数，右边为坐标的函数，若等式成立，只能恒等于一个常量，设此常量为 E，则有：

$$i\hbar\frac{1}{f(t)}\cdot\frac{\partial f(t)}{\partial t} = E \qquad (14.6.11)$$

$$\left[-\frac{\hbar^2}{2m}\nabla^2+V(x,y,z)\right]\psi(x,y,z)=E\psi(x,y,z) \qquad (14.6.12)$$

求解式（14.6.11）得到：

$$f(t)=C\mathrm{e}^{-\frac{i}{\hbar}Et}$$

其中 C 为任意常数。将上式代入式（14.6.8），把常数 C 归并到函数 $\psi(x,y,z)$ 中，则有：

$$\psi(x,y,z,t)=\psi(x,y,z)\mathrm{e}^{-\frac{i}{\hbar}Et}$$

此种状态下，粒子的能量具有确定的值，概率密度分布 $\left|\psi(x,y,z,t)\right|^2=\left|\psi(x,y,z)\right|^2$ 与时间无关，此时的波函数称为**定态波函数**，所描述的状态称为**定态**，式（14.6.12）称为**定态薛定谔方程**，可简写为：

$$\hat{H}\psi(x,y,z)=E\psi(x,y,z) \tag{14.6.13}$$

其中 $\hat{H}=-\frac{\hbar^2}{2m}\nabla^2+V(x,y,z)$ 称为**哈密顿算符**。一切力学量均用算符表示，是量子力学的一个基本假设。

算符对某量子态波函数的运算结果，将得到另一个量子态波函数。若算符作用于波函数 ψ 的效果和 ψ 与某一常量的乘积相当，即有：

$$\hat{F}\psi=F\psi \tag{14.6.14}$$

则 F 称为 $\hat{F}$ 的**本征值**，ψ 称为算符 $\hat{F}$ 对应于本征值 F 的**本征函数**，所描述的状态称为 F 的**本征态**，而上式则称为**本征值方程**。

在解决微观粒子的各种定态问题时，将势能函数 $V(x,y,z)$ 的具体形式，代入定态薛定谔方程式（14.6.13）即可求得定态波函数。例如对氢原子的电子有 $V=e^2/4\pi\varepsilon_0 r$，对一维线性谐振子有 $V=m\omega^2x^2/2$。

例题 14.6.1 设质量为 m 的粒子沿 x 轴方向运动，其势能为：

$$u(x)=\begin{cases}\infty & x\leqslant 0,x\geqslant a\\ 0 & 0<x<a\end{cases} \tag{14.6.15}$$

该势能如图 14.9 所示，形如一无限深的阱，故称**无限深势阱**。试求该一维无限深势阱内粒子的波函数。

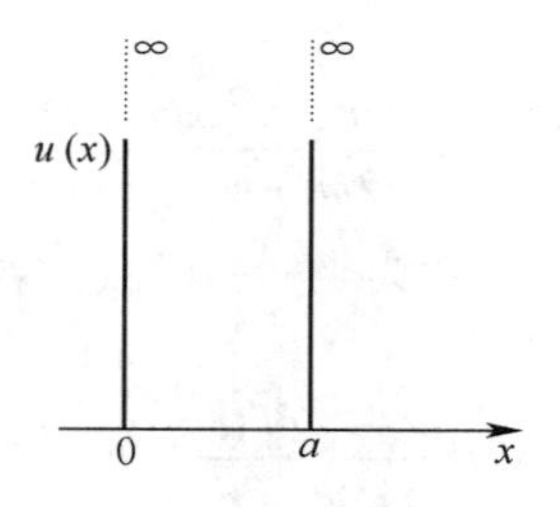

图 14.9 无限深势阱

解：因为势能 $u(x)$ 不随时间变化，故粒子波函数满足定态薛定谔方程。在势阱内 $u(x)=0$，其定态薛定谔方程为：

$$\frac{\mathrm{d}^2\psi}{\mathrm{d}x^2}+\frac{2mE}{\hbar^2}\psi=0 \tag{14.6.16}$$

令 $k=\sqrt{2mE}/\hbar$，上式变为：

$$\frac{d^2\psi}{dx^2}+k^2\psi=0$$

其通解为：

$$\psi(x)=A\sin kx+B\cos kx \tag{14.6.17}$$

其中 A 、 B 为积分常数，应通过边界条件和归一化条件确定。

由于无限深势阱内的粒子不能穿越阱壁而到达阱外，只能在阱内运动，故在阱壁和阱外的波函数应为零。根据波函数的连续条件应有 $\psi(0)=0=\psi(a)$ ，代入式（14.6.17）得到：

$$B=0\text{，}\quad A\sin ka=0$$

此时 $A\neq 0$ ，否则只能得到零解，则只有 $\sin ka=0$ ，故有：

$$k=\frac{n\pi}{a}\quad(n=1, 2, 3, \cdots)$$

相应的定态波函数为：

$$\psi(x)=A\sin\frac{n\pi x}{a}$$

由归一化条件 $\int|\psi|^2\,dV=1$ 得到：

$$\int_0^a A^2\sin^2\frac{n\pi x}{a}dx=1$$

可求解得 $A=\sqrt{2/a}$ ，故一维无限深势阱内运动粒子的波函数为：

$$\psi_n(x)=\sqrt{\frac{2}{a}}\sin\frac{n\pi x}{a}$$

在金属中的自由电子、原子核的质子和中子等粒子的运动均被限制在很小的空间范围内，可以粗略地认为被束缚在无限深势阱中。近年来，根据无限深势阱模型设计出具有“量子阱”的半导体器件，成功应用于半导体激光器、光电检测器以及双稳态器件。

量子理论的诞生，对研究原子、电子、质子和中子等微观粒子的运动规律，提供了正确的导向和方法，使物理学发生了历史性的飞跃，促进了原子能、激光、超导等众多新技术的产生和发展。

习题 14

14.1　设宇宙飞船以速率 $u=0.80c$ 沿 x 轴正方向离开地球，若宇航员在飞船参考系观察一颗超新星爆炸，设飞船参考系的时空坐标为 $t'=-6.0\times10^{8}$（s），$x'=3.0\times10^{17}$（m）， $y'=4.0\times10^{17}$（m）， $z'=0$ ，试求：

（1）地球参考系中该超新星爆炸事件的时空坐标；

（2）在飞船参考系测量，超新星爆炸的光到达飞船用时。

14.2　若两个电子沿着相反的方向飞离放射性样品，设电子相对于样品的速率均为 $0.90c$，试求两电子之间的相对速率。

14.3　测得火箭在某惯性系的长度为其固有长度的一半，试求其相对于该惯性系的速率。

14.4　已知静止时 μ 介子的平均寿命为 2.2×10^{-8}（s），当 μ 介子相对于观察者的速率为 $0.90c$ 时，试求其在真空中衰变前走过的平均距离。

14.5　两个静止质量均为 m_0 的粒子 A、B 以相同的速率 v 相向而行，碰撞后合为一个粒子 C，试计算 C 的静质量 M_0。

14.6　氘核由质子、中子两个粒子组成，其质量分别为 $m_{氘}=3.34365\times10^{-27}$（kg）、$m_{质}=1.67265\times10^{-27}$（kg）和 $m_{中}=1.67496\times10^{-27}$（kg），试求氘核的结合能。

14.7　已知光电管的阴极由逸出功为3.0ev的金属制成，试求此光电管阴极金属的光电效应红限波长。

14.8　设单色光激发处于第一激发态的氢原子，发射的光谱中只能看到三条巴耳末光谱线，试计算三条光谱线的波长。

14.9　狙击手射出的子弹质量为0.024(kg)，当其以800$(\text{m}\cdot\text{s}^{-1})$的速率运动时，试计算子弹的德布罗意波长。

14.10　已知电子的速率为100$(\text{m}\cdot\text{s}^{-1})$，动量的不确定关系为动量的0.01%，试求该电子位置的不确定范围。

14.11　已知一维运动的粒子处在由波函数

$$\phi(x)=\begin{cases}A\sin\dfrac{\pi}{a}(x+a) & |x|<a\\ 0 & |x|\geqslant a\end{cases}$$

描述的状态，其中 $a>0$，试求归一化因子 A。

14.12　设质量为 m 的粒子处于宽度为 a 的一维无限深势阱内，试求粒子在 $0\leqslant x\leqslant a/4$ 区间内出现的概率。

习题答案

第 9 章

9.1 （1）$A=0.1(\text{m})$，$\omega=2\pi$（s^{-1}），$\varphi=\pi$，$T=\dfrac{2\pi}{\omega}=1(\text{s})$，$\nu=\dfrac{1}{T}=1(\text{Hz})$

（2）$x=-0.1(\text{m})$，$v=0$，$a=0.4\pi^2(\text{m}\cdot\text{s}^{-2})$

9.2 $x=4.0\times10^{-2}\cos(\pi t+0.75\pi)(\text{m})$

$$v=\frac{\mathrm{d}x}{\mathrm{d}t}=-(4\pi\times10^{-2})\sin(\pi t+0.75\pi)(\text{m}\cdot\text{s}^{-1})$$

$$a=\frac{\mathrm{d}^2x}{\mathrm{d}t^2}=-(4\pi^2\times10^{-2})\cos(\pi t+0.75\pi)(\text{m}\cdot\text{s}^{-2})$$

9.3 （1）平衡位置 $mg=kl_0$，任意位置 $F=mg-k(l_0+x)=-kx$，故为简谐运动

（2）$x=0.02\cos14t$（m）

9.4 $\theta=\dfrac{v_0}{\omega R}\cos\left(\sqrt{\dfrac{g}{R}}t-\dfrac{\pi}{2}\right)$

9.5 （1）通过计算得到 $F=-\dfrac{k_1k_2}{k_1+k_2}x=-kx$，其中 $k=\dfrac{k_1k_2}{k_1+k_2}$ 为常数，故物体做简谐运动

（2）$\omega=\sqrt{\dfrac{k}{m}}=\sqrt{\dfrac{k_1k_2}{m(k_1+k_2)}}$

9.6 （1）由旋转矢量法得 $\varphi=\pi/2$，$x=4\cos\left(4\pi t+\dfrac{\pi}{2}\right)$（cm）

（2）由旋转矢量法得 $\varphi=-\dfrac{\pi}{3}$，$x=4\cos\left(4\pi t-\dfrac{\pi}{3}\right)$（cm）

（3）由旋转矢量法得 $\varphi=0$，$x=4\cos4\pi t$（cm）

9.7 （1）$x=A\cos\left(\dfrac{2\pi}{T}t\pm\pi\right)$

（2）$x=A\cos\left(\dfrac{2\pi}{T}t-\dfrac{\pi}{2}\right)$

（3） $x=A\cos\left(\frac{2\pi}{T}t+\frac{\pi}{3}\right)$

（4） $x=A\cos\left(\frac{2\pi}{T}t-\frac{\pi}{4}\right)$

9.8　$g_M=(T_E/T_M)^2g_E=1.63(\mathrm{m\cdot s^{-2}})$

9.9　$l=\frac{1}{2}\cdot\frac{t}{\Delta t}\cdot\mathrm{d}l=\frac{1}{2}\times\frac{60}{0.1}\times 1\,\mathrm{mm}=300(\mathrm{mm})$

9.10　（1） $\omega=\sqrt{g/l}=3.13(\mathrm{s^{-1}})$， $T=2\pi/\omega=2.01(\mathrm{s})$

（2） $\theta=\frac{\pi}{36}\cos(3.13t)$

（3） $v=l\left|\frac{\mathrm{d}\theta}{\mathrm{d}t}\right|=0.164(\mathrm{m\cdot s^{-1}})$

9.11　（1） $x=0.24\cos\left(\frac{1}{2}\pi t+\frac{2\pi}{3}\right)(\mathrm{m})$

（2） $t_{\min}=\frac{\Delta\varphi}{\omega}=\frac{5}{3}(\mathrm{s})$

（3）系统的总能量 $E=E_k=\frac{1}{2}mA^2\omega^2=0.07106(\mathrm{J})$

9.12　（1） $E=2.0\times10^{-3}(\mathrm{J})$

（2） $x_0=\pm\frac{\sqrt{2}}{2}A=\pm7.07\times10^{-3}(\mathrm{m})$时动能和势能相等

（3）物体位移为振幅一半时动能为 $E_p=\frac{E}{4}$，在该处势能为 $E_k=\frac{3}{4}E$

9.13　（1） $a_{\max}=A\omega^2$， $\omega=\sqrt{\frac{a_{\max}}{A}}=20(\mathrm{s^{-1}})$， $T=\frac{2\pi}{\omega}=0.314(\mathrm{s})$

（2） $E_{k,\max}=\frac{1}{2}mv_{\max}^2=\frac{1}{2}mA^2\omega^2=0.16(\mathrm{J})$

（3） $E_k=E_p$， $\frac{1}{2}kx^2=\frac{1}{4}kA^2$， $x=\pm\frac{\sqrt{2}}{2}A=\pm7.07\times10^{-3}(\mathrm{m})$

9.14　$x=x_1+x_2=0.03\cos\left(4t+\frac{\pi}{6}\right)$

9.15　（1）当两分振动同相位时，合振动的振幅最大，即 $\varphi_2=-\frac{5\pi}{6}$，合振幅最大值为 $A=A_1+A_2=0.4+0.5=0.9$ （m）

（2）若合振动的初相 $\varphi_0=\frac{\pi}{6}$，看出合振动 A 初相位与 A_1 相反，得到 $\varphi_2=\frac{\pi}{6}$，合振幅值为 $A=|A_1-A_2|=0.5-0.4=0.1$ （m）

9.16 （1） $A=\sqrt{A_1^2+A_2^2+2A_1A_2\cos(\varphi_2-\varphi_1)}=7.8(\mathrm{m})$，

$$\varphi=\arctan\frac{A_1\sin\varphi_1+A_2\sin\varphi_2}{A_1\cos\varphi_1+A_2\cos\varphi_2}=\arctan 11$$

（2）当 $\Delta\varphi=2k\pi$ 时振幅达到最大，故

$\varphi_3=2k\pi+\varphi_1=2k\pi+0.75\pi$（$k=0$，$\pm1$，$\pm2$，…）

第 10 章

10.1 $A=0.05(\mathrm{m})$，$T=0.25(\mathrm{s})$，$\lambda=1(\mathrm{m})$，$u=4(\mathrm{m\cdot s^{-1}})$

10.2 $y=0.03\cos\left[4\pi\left(t-\dfrac{x}{20}\right)-\pi\right](\mathrm{SI})$

10.3 $y=0.05\cos\left(5\pi t+\dfrac{\pi}{5}x-\dfrac{\pi}{3}\right)(\mathrm{SI})$

10.4 （1） $y=0.02\cos\left(100\pi t-\dfrac{\pi}{2}x-\dfrac{\pi}{2}\right)(\mathrm{SI})$

（2） $y=0.02\cos(100\pi t-\pi)(\mathrm{SI})$

（3） $v=0$

10.5 （1） $y=0.1\cos\left(500\pi t+\dfrac{\pi}{100}x+\dfrac{\pi}{4}\right)(\mathrm{SI})$

（2） $y=0.1\cos\left(500\pi t+\dfrac{5\pi}{4}\right)(\mathrm{SI})$，$v=-50\pi\sin\left(500\pi t+\dfrac{5\pi}{4}\right)(\mathrm{SI})$

10.6 （1） $y=0.1\cos\left(500\pi t+\dfrac{\pi}{10}x+\dfrac{\pi}{3}\right)(\mathrm{SI})$

（2） $y=0.1\cos\left(500\pi t+\dfrac{13\pi}{12}\right)(\mathrm{SI})$，$v=40.6(\mathrm{m\cdot s^{-1}})$

10.7 以 A 为原点，$x=1, 3, 5, \cdots, 29$ 处静止

10.8 （1） $y=0.01\cos\left[200\pi\left(t+\dfrac{x}{10}\right)+\pi\right](\mathrm{SI})$

（2） $y=0.02\cos\left(20\pi x+\dfrac{\pi}{2}\right)\cos\left(200\pi t+\dfrac{\pi}{2}\right)(\mathrm{SI})$

10.9 （1）0.1（m）；（2）0.01（m），20（$\mathrm{m\cdot s^{-1}}$）

10.10 41.7（cm）

10.11 $\dfrac{v'-v}{v'+v}u$

10.12 （1）驶近时 865.6（Hz），离去时 743.7（Hz）

（2）客车上人听到的频率为 826.2（Hz）

10.13 55.9（Hz）

第 11 章

11.1　$d = 8.0\times10^{-6}$（m）

11.2　（1）6.0（mm）；（2）19.9（mm）

11.3　（1）0.11（m）；（2）7

11.4　$\Delta x = 7.2\times10^{-5}$（m）

11.5　7.78×10^{-4}（mm）

11.6　（1）$\lambda = 457.6$（nm）（蓝紫色）；（2）$\lambda = 558.7$（nm）（绿色）

11.7　（1）$\theta = 4.8\times10^{-5}$(rad)；（2）$A$ 处为第 3 级明纹

（3）棱边到 A 处共呈现 3 条明纹，3 条暗纹

11.8　$k=4$，$R=6.79$（m）

11.9　（1）4 个半波带，P 为暗点

（2）3 个半波带，P 为亮点；Q 点对应 AB 上半波带数为 5，为亮点；P 点较亮

11.10　（1）极大；（2）$\varphi = \arcsin\dfrac{\lambda}{d} = \arcsin\dfrac{c}{\nu d} = 0.217\text{rad} = 12.4°$

11.11　（1）$\Delta x_0 = \dfrac{2\lambda f}{b} = \dfrac{2\lambda(0.5)}{5\lambda} = 0.2(\text{m})$

（2）$\Delta x_1 = f\sin\varphi_2 - f\sin\varphi_1 = \dfrac{\lambda f}{b} = 0.1(\text{m})$

11.12　$\theta_0 = \dfrac{1.22\lambda}{D} = 6\times10^{-9}(\text{rad})$

11.13　$\theta_0 = \dfrac{1.22\lambda}{D} = \dfrac{d}{x}$，$x = 4918(\text{m})$

11.14　（1）3；（2）$\pm2, \pm4, \cdots$ 缺级

11.15　夹角 $\theta = \pm45°$ 或 $\pm135°$

11.16　透射光的强度为 $I = \dfrac{1}{2}I_1$

11.17　光由水射向玻璃时的起偏角为 $i_0 = 48°27'$，光由玻璃射向水时的起偏角为 $i_0 = 41°34'$

第 12 章

12.1　$\overline{\varepsilon}_{kt} = 3.89\times10^{-22}$（J）

12.2　273K时$\overline{\varepsilon}_{kt} = 5.65\times10^{-21}$（J），373K时$\overline{\varepsilon}_{kt} = 7.72\times10^{-21}$（J）；

$T = 7.73\times10^{3}$（K）

12.3　（1）$p=1.35\times10^5$(Pa)；（2）$T=362$(K)，$\bar{\varepsilon}_{kt}=7.49\times10^{-21}$(J)

12.4　$i=5$

12.5　$N\overline{\varepsilon_k}=7.31\times10^6$(J)，$\Delta E=4.16\times10^4$(J)，$\sqrt{\overline{V^2}}=0.856$(m·s^{-1})

12.6　$\Delta E=0.75RT$

12.7　$n=2.415\times10^{25}$(m^{-3})

12.8　$N=1.88\times10^{18}$

12.9　9.6（天）

12.10　$n=2.4\times10^{12}$(m^{-3})

12.11　$\bar{\varepsilon}_k=1.98\times10^{-21}$(J)

12.12　平动动能为$\bar{\varepsilon}_k=3.74\times10^3$(J)；转动动能为$\bar{\varepsilon}_k=2.49\times10^3$(J)

12.13　$\bar{\varepsilon}_k=5.56\times10^{-21}$(J)，$\bar{\varepsilon}_t=3.77\times10^{-21}$(J)，$E=1.417\times10^3$(J)

12.14　$T=284.4$(K)，$p=1.0275\,p_0$

12.15　$\Delta T=12.8$(K)

12.16　$\sqrt{\overline{v^2}}=491.87$(m·s^{-1})，$\mu=0.0283$(kg)，氮气

12.17　略

12.18　（1）$n=2.45\times10^{-25}$(m^{-3})

（2）$m=5.31\times10^{-26}$(kg)

（3）$\rho=1.30$(kg·m^{-3})

（4）$l=3.445\times10^{-9}$(m)

（5）$v_p=394.7$(m·s^{-1})

（6）$\bar{v}=445.4$(m·s^{-1})

（7）$\sqrt{\overline{v^2}}=483.5$(m·s^{-1})

（8）$\bar{\varepsilon}=1.035\times10^{-20}$(J)

（9）$\bar{Z}=4.07\times10^9$(s^{-1})

（10）$\bar{\lambda}=1.09\times10^{-7}$(m)

12.19　$(v_p)_{O_2}=3.94\times10^2$(m·s^{-1})，$(\sqrt{\overline{v^2}})_{O_2}=4.83\times10^2$(m·s^{-1})，

$(\bar{v})_{O_2}=4.45\times10^2$(m·s^{-1})

12.20　$n=3.2\times10^{17}$(m^{-3})，$\bar{\lambda}=7.8$(m)，$\bar{Z}=60$(次/s)

第 13 章

13.1　$W=5.0\times10^2$(J)，$\Delta E=1.21\times10^3$(J)

13.2　（1）$Q_p=128.1$(J)，$Q_V=91.5$(J)；（2）$W_p=36.1$(J)，$W_V=0$

13.3　（1）$W=0$，$W'=0$，$Q=623$(J)

（2）$W=417$（J），$W'=-417$（J），$\Delta E=623$(J)，$Q=1.04\times10^5$(J)

（3）$Q=0$，$\Delta E=623$（J），$W=-623$（J），$W'=-W=623$（J）

13.4　（1）$Q_1=266$（J）；（2）$Q_2=-308$（J）

13.5　（1）$1\to m\to 2$过程：$\Delta E=7.5\times10^3$(J)，$W=8.0\times10^3$(J)，

$Q=\Delta E+W=1.55\times10^4$(J)

（2）直接$1\to 2$过程：$\Delta E=7.5\times10^3$(J)，$W=6.0\times10^3$(J)，

$Q=1.35\times10^4$(J)

13.6　$W=RT\ln\dfrac{V_2-b}{V_1-b}+a\left(\dfrac{1}{V_2}-\dfrac{1}{V_1}\right)$

13.7　（1）$\Delta E=1.25\times10^3$(J)，$W=2.03\times10^3$(J)，$Q=3.28\times10^3$(J)

（2）$\Delta E=1.25\times10^3$(J)，$W=1.69\times10^3$(J)，$Q=2.92\times10^3$(J)

13.8　略

13.9　（1）当$n=0$时是等压过程；当$n=1$时是等温过程；当$n=\gamma$时表示绝热过程；当$n=\infty$时，则有$p^{1/n}V$=常数，表示等容过程

（2）$W=\int_{V_1}^{V_2}p\mathrm{d}V=\int_{V_1}^{V_2}CV^{-n}\mathrm{d}V=\dfrac{C}{1-n}(V_2^{1-n}-V_1^{1-n})=\dfrac{p_1V_1-p_2V_2}{n-1}$

（3）略

13.10　$\Delta E=124.65$（J），$A=-209$（J），$Q=-84.35$（J），

$C=8.435$（$\mathrm{J\cdot mol^{-1}\cdot K^{-1}}$）

13.11　$Q_1=5.35\times10^3$(J)，$Q_2=4.01\times10^3$(J)，$W=1.34\times10^3$(J)

13.12　（1）$W_{AB}=200$(J)，$\Delta E_{AB}=750$(J)，$Q_{AB}=950$(J)，$W_{BC}=0$(J)，

$Q_{BC}=-600$(J)，$W_{CA}=-100$(J)，$\Delta E_{CA}=-150$（J），

$Q_{CA}=-250$（J）

（2）$A=100$(J)，$Q=100$(J)

13.13　$\eta=36\%$

13.14　$\eta=25\%$

13.15　略

13.16　（1）$Q_{\text{I}}=12RT_0$，Q_{II}=$45RT_0$，Q_{III}= $-143RT_0/3$

（2）$\eta=\dfrac{W}{Q_1}$= 16.37%

13.17　$\Delta\eta_1=2.73\%$，$\Delta\eta_2=$ 10%

13.18　$W=4.18$(J)

13.19　356（W）

13.20　1392.9(J)

第 14 章

14.1　（1）$x = 2.6\times10^{17}$（m），$y = 4.0\times10^{17}$（m），$z = 0$，$t = 3.33\times10^{8}$（s）

（2）1.67×10^{9}（s）

14.2　$0.994c$

14.3　$x = 2.6\times10^{8}$（$\mathrm{m\cdot s^{-1}}$）

14.4　13.63（m）

14.5　$M_0 = \dfrac{2m_0}{\sqrt{1 - v^2/c^2}}$

14.6　3.564×10^{-13}（J）

14.7　4.14×10^{-7}（m）

14.8　6.57×10^{-7}（m），4.87×10^{-7}（m），4.34×10^{-7}（m）

14.9　3.45×10^{-35}（m）

14.10　5.76×10^{-3}（m）

14.11　$A = 1/\sqrt{a}$

14.12　$W = \dfrac{1}{4} - \dfrac{1}{2n\pi}\sin\dfrac{n\pi}{2}$

参考文献

[1] 东南大学等七所工科院校．物理学（下册）[M]．北京：高等教育出版社，2006.
[2] 吴百诗．大学物理（下册）[M]．西安：西安交通大学出版社，2009.
[3] 芶秉聪，胡海云．大学物理（下册）[M]．北京：国防工业出版社，2011.
[4] 李相波，何丽萍．大学物理[M]．北京：科学出版社，2006.
[5] 刘建科，李险峰．大学物理[M]．北京：科学出版社，2011.
[6] 付林茂，彭志华．大学物理[M]．武汉：华中科技大学出版社，2009.
[7] 姚乾凯，梁富增．大学物理教程[M]．郑州：郑州大学出版社，2007.
[8] 陈钦生，武步宇．大学物理[M]．北京：科学出版社，2007.
[9] 廖耀发等．大学物理[M]．武汉：武汉大学出版社，2005.
[10] 李金锷．大学物理[M]．北京：科学出版社，2001.
[11] 倪光炯，王炎森．文科物理[M]．北京：高等教育出版社，2005.
[12] 甘承泰等．大学物理学[M]．成都：电子科技大学出版社，1994.
[13] 戴剑锋等．大学应用物理学[M]．北京：科学出版社，2010.
[14] 刘永胜．物理学[M]．天津：天津大学出版社，2009.
[15] 吴於人，于明章，刘云龙．大学物理[M]．上海：同济大学出版社，2003.
[16] 王少杰，顾牡，毛骏键．大学物理学[M]．上海：同济大学出版社，2002.
[17] Halliday, Resnick, Walker．哈里德大学物理学[M]．北京：机械工业出版社，2009.
[18] [美]休 D．杨，罗杰 A．弗里德曼．西尔斯物理学（下册）英文版[M]．北京：机械工业出版社，2007.
[19] [美]罗纳德・莱恩・里斯．大学物理（下册）英文版[M]．北京：机械工业出版社，2007.
[20] [美]保罗・彼得・尤荣．大学物理学英文版[M]．北京：机械工业出版社，2003.
[21] 滕小瑛．大学物理学英文版[M]．北京：高等教育出版社，2005.
[22] 王永昌．近代物理学[M]．北京：高等教育出版社，2006.
[23] 张三慧．大学基础物理学[M]．北京：清华大学出版社，2007.
[24] 毛骏健等．大学物理学[M]．北京：高等教育出版社，2006.
[25] 朱峰．大学物理[M]．北京：清华大学出版社，2008.
[26] 汪昭义．普通物理学[M]．上海：华东师范大学出版社，1989.